JN070941

高校数学から
はじめる
統計学

竹士 伊知郎 著

日科技連

はじめに

近年，高校数学に「統計学」が本格的に「入ってくる」ということが大きな話題になっている．

2022 年度に入学する新高校生に対する文部科学省の高等学校学習指導要領によれば，具体的には，「数学Ⅰ」の「データの分析」で「仮説検定の考え方」も扱うことになり，さらに，「数学 B」が「統計学的な推測」，「数列」，「数学と社会生活」の 3 項目となった．

高校の数学の内容がそれほど話題になるのは，一つは「大学の入学試験」に大きな影響を及ぼすからであろう．従来の学習指導要領にあった「確率分布と統計学的な推測」は，多くの大学で入試の出題範囲から外されていたため，高校では実際には教えられないことも多かったと聞く．しかし，今後は，数学Ⅰはもちろん数学 B も理系文系問わず必須科目であるので，各大学の数学の入試科目や大学入学共通テストの範囲に「統計学」が一定の割合を占めることが予想される．

本書は，原則として 2023 年度以降の高校 2 年生が学習する数学 B の「統計学」に関する内容を出発点にして，多くの読者に，本来実学であるはずの「統計学」への興味をもっていただき，さらに「統計学」を利用した各種の問題解決や課題達成に役立ててほしいという思いから執筆した．

もとより，高校数学の「統計学」の内容を批判したり，改善を提言するものではないことを最初に断っておきたい．

高校数学の「中」に入ってしまった「統計学」としては，2023 年度以降の教科書に記述される内容は，妥当なものであり，十分納得できるものである．そのうえで，いくつかの検討すべき点も垣間見える．

本文中で何度も言及するように，筆者は，統計学は実学であって，「数学」とは異なる分野の学問であると考える．「統計学」が実学として，政治・経済，医療，製造，サービスといった多くの分野で，なぜ重宝され，広く使われているのか，その理由は何なのかといった疑問に対して，残念ながら高校数学の統計学では，十分記述されているとはいえない．

教科書では，多くの例題が示されてはいるが，その例は，さいころであったり，硬貨の表裏であったり，高校生の身長やテストの成績であったりするものが大半である．これらは高校生にとって身近なもので受け容れやすい例示ではあるが，他方「こんなことにしか統計学は使えないのか」，「高校で勉強する数学は社会に出たらもう使わない」との誤解を招きかねないと危惧している．

そこで，本書は「高校数学での統計学」の内容に触れたあと，この内容が「実学としての統計学」にどうつながるかの道程を示したい．すなわち，高校数学の内容が「実学としての統計学」へどのように昇華していくのかを述べている．

また，各章には実践的な例題を設けている，理解の一助としてほしい．

[高校生，高校教員の方へ]

高校数学での統計学を学んだ後，「統計学」がどのように成り立っているのか，実際にどのような場面で使われているのか，どのような注意が必要なのかなどについて，「実学としての統計学」を読んで学んでいただきたい．また，教科書や参考書の記述だけで十分理解できないことがあれば，該当の箇所をご覧になることで「そんな意味なのか．そんなことなのか．そう考えればいいのか」といった新たな理解の促進や発見が必ずあるはずである．

すべての高校生とはいわないが，文系理系問わず，多くの皆さんは，今後大学や企業などの職場において，「品質管理」，「品質保証」，「品質(クォリティ)マネジメント」といったものに必ず出会うはずである．ここで使われるのが「統計学」を背景とした「統計的方法」，「統計手法」，「QC 手法」などと呼ばれる問題解決のためのツールである．つまり，高校数学の統計学は，こういった一連のツールにつながっていくのであるから，将来必ず役に立つ．10 年後，20 年後のあなたが，高校生であったころの自分に言い聞かせるのは，「今しっかり統計を勉強しておけば，将来必ず役に立つよ」といった言葉かもしれない．

また，大学進学や就職といった進路に関連して，話題のデータサイエンスに興味がある方もおられるかもしれない．しかし，データサイエンスの勉強に際して，まず前提になるのは「統計学」の知識である．キャッチボールのやり方や基本のルールも知らずに野球選手にはなれない．

[大学生，社会人・一般の方へ]

「統計学」を初めて学ぶ，あるいは過去に少しかじっただけといった方には，「高校数学での統計学」で，今の高校生はこんなことを学習している，ということをまず知っていただきたい．そのうえで，「実学としての統計学」に読み進んでいただき，統計学のおもしろさ，重要性，そしてご自身の問題を解決する道具としての使い方を，ぜひ学んでいただきたい．

数年後には，高校時代にこのような形で統計学を学んだ方たちが，確実に皆さんの仲間に加わる．変に構える必要はないが，彼らに対して，実社会ではこんな風に統計学を活用して，日々の品質管理などの活動を行っているということを実例とともに示してあげてほしい．自信のない方は，本書でもう一度学習をしてもらえれば幸いである．

なお，現在多くの統計学に関する書籍が出版されているが，そこで使われている統計用語や統計学に関する記号と，高校数学での表記が異なるものも多い．読者の混乱を避けるために，これらの対照表を掲載している．本来，ひとつの用語や記号で統一すべきであるが，現実として，多くのものが混在していることは事実であるので，はじめて学ぶ高校生や大学生・社会人の方のために「同義語，同義の記号である場合と厳格に区別すべき場合」を具体的に示している．また同様に，統計学で極めて重要な役割を果たす「正規分布表」などの数値表についても，高校数学で用いられているものと，一般的に用いられているものは体裁が異なる．これも，双方の数値表の見方・使い方を併記することで，より理解が深まるよう工夫をしている．

筆者は数学の専門家ではない．しかしながら，かれこれ40年以上も，統計学を使って品質管理を行うための一連の学問体系としての「統計的品質管理」を生業の一つとしてきた．企業人であったころは，自ら各種の統計的方法を駆使して，所属した会社の品質問題に取り組むとともに部下や後輩の指導も行った．あわせて，主として(一財)日本科学技術連盟が主催する社会人向け各種セミナーの講師，大学での「統計学」に関する講義，「統計的方法」，「TQM」，「品質管理検定のテキスト・模擬問題集」などに関する書籍の執筆を継続して行っている．

現在は，「使える統計的方法をわかりやすく説く」ことを目的にして，各種の講義・講演，企業指導，書籍の執筆などを通して，大学生や企業の方のみならず，高校生，一般の方を含めてできるだけ多くの方に，知識や経験をお伝えしたいと念じている．

この小さな本が，今拙宅の窓から眺める咲き始めた花水木のように，読者の手の中で一輪一輪開花してくれれば望外の喜びである．

2023年5月

竹士　伊知郎

目　次

第 1 章

データの整理

1.1　高校数学でのデータの整理

中学校の復習を含めて，ヒストグラムやデータの代表値と散らばりを学ぶ．

1.1.1　データの整理

実験や調査で得られたデータの特徴をとらえるためには，データを整理する必要がある．ここでは，データを整理する方法について学ぶ．

(1)　データ

人の体重や身長，物の質量や長さのように，人や物の特性を表すものを**変量**という．また，実験や調査で得られたある変量の測定値や観測値の集まりを**データ**という．

表 1.1 のデータは，あるクラス 30 人の国語のテストの点数である．

データにおける測定値や観測値の個数を，そのデータの**大きさ**という．表 1.1 のデータの大きさは 30 である．

(2)　度数分布表

表 1.1 のデータをもとに，点数を 30 点から 10 点ごとに区切り，各区間に入る人数を調べると**表 1.2** のようになる．このような表を**度数分布表**という．

度数分布表において，データを整理するための区間を階級，区間の幅を階級の幅，各階級に含まれるデータの値の個数を**度数**という．また，各階級の真ん

表 1.1　国語の点数

45	82	58	87	95	38	58	72	59	87
93	35	45	87	88	65	73	78	72	83
76	65	81	52	61	82	49	72	65	80

中の値を**階級値**という．

データを度数分布表で整理することで，その特徴をとらえやすくなる．

(3)　ヒストグラム

表 1.2 の度数分布表において，各階級の幅を底辺，度数を高さとする長方形を順にすきまなく並べてグラフをかくと，**図 1.1** のようになる．このようなグラフを**ヒストグラム**という．

表 1.2　度数分布表

階級(点)	階級値	度数
30 以上 40 未満	35	2
40 以上 50 未満	45	3
50 以上 60 未満	55	4
60 以上 70 未満	65	4
70 以上 80 未満	75	6
80 以上 90 未満	85	9
90 以上 100	95	2
計		30

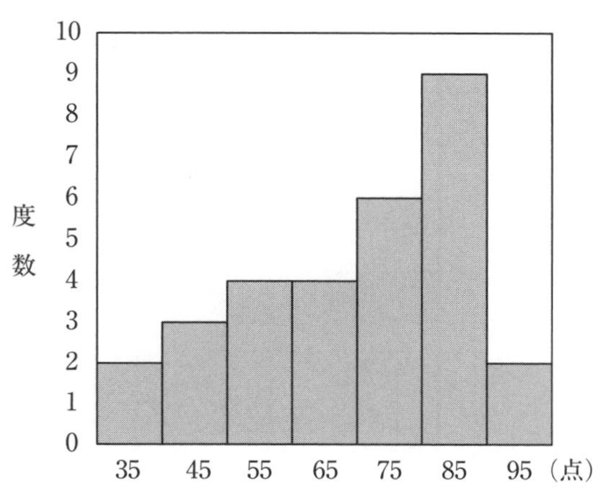

図 1.1　国語の点数のヒストグラム

度数分布表をヒストグラムで表すことで，データの様子が視覚的にわかりやすくなる．

1.1.2　データの代表値

データ全体の傾向を１つの数値で表すことがある．そのような数値をデータの**代表値**という．ここでは，代表値としてよく用いられる平均値，最頻値，中央値について学ぶ．

(1)　平均値

変量 x のデータが n 個の値を x_1，x_2，x_3，…，x_nであるとき，それらの総和を n で割ったものをこのデータの**平均値**といい，$\overline{x}$と表す．

$$\text{平均値}=\frac{\text{データの値の総和}}{\text{データの大きさ}}$$

$$\overline{x}=\frac{1}{n}(x_1+x_2+\cdots+x_n)$$

データが度数分布表で与えられた場合(**表 1.3**)，各階級に入るデータの値が，すべてその階級値をとるものと見なして，次の式で平均値を計算することができる．

$$\overline{x}=\frac{1}{n}(x_1f_1+x_2f_2+\cdots+x_rf_r)$$

表 1.3　度数分布表

階級値	度数
x_1	f_1
x_2	f_2
$\vdots$	$\vdots$
x_r	f_r
計	n

(2)　最頻値

データにおいて，最も個数の多い値を，そのデータの**最頻値**（さいひんち）または**モード**という．データを度数分布表にまとめたときは，度数が最も大きい階級の階級値を最頻値とする．

(3)　中央値

データを小さいほうから並べたとき，中央の位置にくる値を，**中央値**または**メジアン**という．ただし，データの大きさが偶数のときは，中央に2つの値が並ぶから，その2つの値の平均を中央値とする．

1.1.3　データの散らばり

(1)　範囲

データの最大値から最小値を引いた値をデータの**範囲**という．

範囲＝最大値－最小値

範囲が大きいと，データの散らばり具合が大きいと考えられる．

(2)　四分位数

範囲は簡単に求められる量であるが，データの中に1つでも極端に離れた値があると，その影響を大きく受ける．そこで，データの値を小さいほうから並べて3つの仕切りとなる数を設け，4つの部分に分けて考えることがある．

図1.2のようにデータの値を小さいほうから並べ，下半分，上半分に同じ個

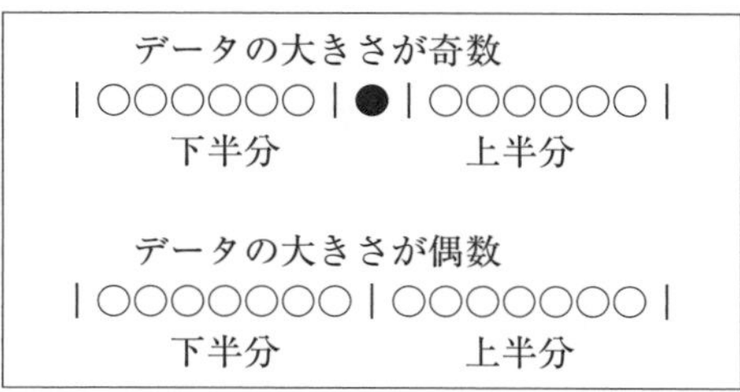

図1.2　四分位数

数ずつ分ける．

ただし，データの大きさが奇数のときは，中央の1個のデータはどちらにも入れない．

このとき，下半分のデータの中央値を**第1四分位数**という，もとのデータの中央値は**第2四分位数**という．また，上半分のデータの中央値を**第3四分位数**という．これらの四分位数を順に Q_1，Q_2，Q_3で表す．

(3)　四分位範囲

四分位数を用いて，データの散らばり具合を考える．

第3四分位数と第1四分位数の差 Q_3-Q_1を**四分位範囲**という．

四分位範囲を2で割った値 $\dfrac{Q_3-Q_1}{2}$を**四分位偏差**という．

データの値を小さいほうから並べたとき，四分位範囲は，中央にある約50%のデータの範囲であり，データの中に極端に離れた値がある場合でも，その影響を受けにくいといえる．

データの値が中央値の周りに集中しているほど，四分位範囲は小さくなる傾向にある．

(4)　箱ひげ図

データの分布を，**図1.3**のような図で表すことがある．これを**箱ひげ図**という．箱ひげ図は次の手順でかく．

1)　横軸にデータの値の目盛りをとる．

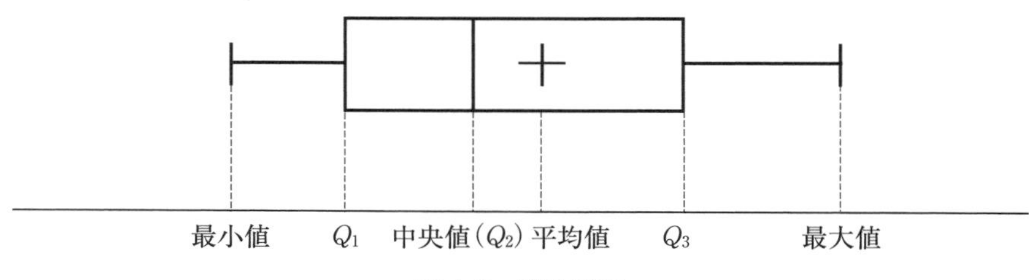

図1.3　箱ひげ図

2)　第1四分位数 Q_1 を左端，第3四分位数 Q_3 を右端とする箱(長方形)をかき，箱の中に中央値(第2四分位数 Q_2)を示す縦線をかく．

3)　箱の左端から最小値までと，箱の右端から最大値まで線分を引く．図1.3では平均値を「＋」で記しているが，省略することもある．

箱ひげ図は，データの最小値，第1四分位数 Q_1，中央値，第3四分位数 Q_3，最大値を箱と線(ひげ)で表している．箱の長さは四分位範囲を表す．

箱ひげ図では，ヒストグラムほどデータの分布を詳しく表せないが，大まかな様子を簡潔に表すことができる．

(5)　外れ値

データの中に他の値から極端にかけ離れた値があるとき，それを**外れ値**という．実際には，次の値を外れ値とすることが多い．

(第1四分位数－1.5×四分位範囲)以下

(第3四分位数＋1.5×四分位範囲)以上

外れ値がある場合，**図1.4**のような箱ひげ図が用いられることがある．

外れ値は○で示している．また，箱ひげ図の左右のひげは，データから外れ値を除いたときの最小値や最大値まで引いている．

外れ値は，測定ミスや入力ミスなどの異常な値とは限らない．外れ値を調べることで，新たな問題発見や問題解決の手掛かりが得られることがある．

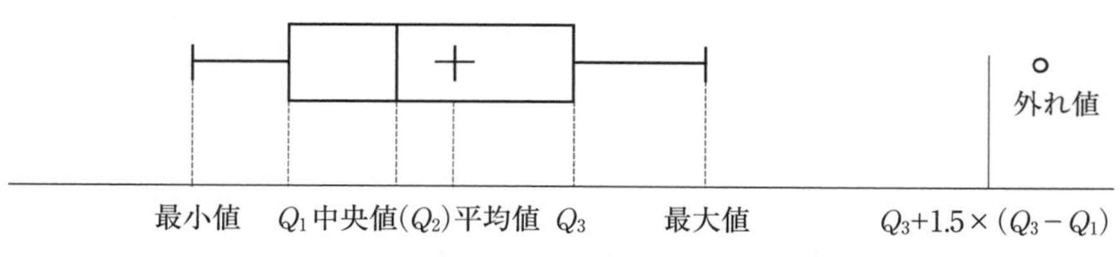

図1.4　外れ値のある箱ひげ図

(6) 分散と標準偏差

平均値の周りにデータの各値がどのように散らばっているかを表す値として，データの各値と平均値の差が考えられる．

変量 x の n 個の値 x_1，x_2，…，x_n の平均値が $\overline{x}$ のとき

$$x_1-\overline{x},\ x_2-\overline{x},\ \cdots,\ x_n-\overline{x}$$

を，それぞれ平均値からの**偏差**という．

偏差の総和は次のようになる．

$$(x_1-\overline{x})+(x_2-\overline{x})+\cdots+(x_n-\overline{x})$$
$$=(x_1+x_2+\cdots+x_n)-n\overline{x}$$

ここで，$\overline{x}=\dfrac{1}{n}(x_1+x_2+\cdots+x_n)$ なので，

$$=(x_1+x_2+\cdots+x_n)-(x_1+x_2+\cdots+x_n)=0$$

となる．すなわち，偏差の総和は 0 になるから，偏差の平均値も 0 になる．したがって，偏差の平均値を用いてデータの散らばり具合を表すことはできない．

そこで，偏差を 2 乗した値を考えると，これらはすべて 0 以上であり，各値が平均値から離れるほど大きくなる．したがって，偏差の 2 乗の平均値は，データの散らばり具合を表す尺度になる．

この値を**分散**といい，s^2 で表す．

また，分散の正の平方根を**標準偏差**といい，s で表す．

分散＝(偏差)^{2}の平均値

$$=\frac{(\text{偏差})^2\text{の総和}}{\text{データの大きさ}}$$

標準偏差＝$\sqrt{\text{分散}}$

変量 x の n 個の値 x_1，x_2，…，x_n の平均値が $\overline{x}$ のとき，

分散　$s^2=\dfrac{1}{n}\{(x_1-\overline{x})^2+(x_2-\overline{x})^2+\cdots+(x_n-\overline{x})^2\}$

標準偏差　$s=\sqrt{\dfrac{1}{n}\{(x_1-\overline{x})^2+(x_2-\overline{x})^2+\cdots+(x_n-\overline{x})^2\}}$

分散 s^2 の式は，次のように変形できる．

$$
\begin{aligned}
s^2 &= \frac{1}{n}\{(x_1-\overline{x})^2+(x_2-\overline{x})^2+\cdots+(x_n-\overline{x})^2\} \\
&= \frac{1}{n}\{(x_1^2+x_2^2+\cdots+x_n^2)-2\overline{x}(x_1+x_2+\cdots+x_n)+n(\overline{x})^2\} \\
&= \frac{1}{n}(x_1^2+x_2^2+\cdots+x_n^2)-2\overline{x}\cdot\frac{1}{n}(x_1+x_2+\cdots+x_n)+(\overline{x})^2 \\
&= \overline{x^2}-2(\overline{x})^2+(\overline{x})^2 \\
&= \overline{x^2}-(\overline{x})^2
\end{aligned}
$$

したがって，変量 x の分散は，次の式でも求めることができる．

(xの分散)＝(x^2の平均値)－(xの平均値)^2

一般に，標準偏差が大きいほどデータの散らばり具合が大きく，標準偏差が小さいほどデータは平均値の周りに集中する傾向にある．

1.2　実学としてのデータの整理

統計においては，データをどのように採取し，どのようにまとめるかは極めて重要である．まずデータの種類についてふれる．続いてデータ全体の姿を見るヒストグラムやサンプルから採取されたデータから計算される基本統計量である平均値，中央値，平方和，分散，標準偏差などの求め方について述べる．

表1.4に第1章の用語と記号の対照表を示す．

表1.4　用語と記号の対照表

高校数学	実学	意味と注
散らばり(具合)	ばらつき	データの大きさがそろっていないこと． ばらつきの大きさを表すには，分散や標準偏差を用いる．

表 1.4　つづき

高校数学	実学	意味と注
平均値 $\overline{x}$	平均値 $\overline{x}$ (母平均 μ)	算術平均. $$\overline{x}=\frac{\sum_{i=1}^{n}x_i}{n}$$ 統計学では，母集団の平均である母平均 μ とサンプルの平均値 $\overline{x}$ を区別する.
中央値 (メジアン)	メディアン (中央値 $\tilde{x}$)	データを大きさの順に並べたときの中央の値.
分散 s^2	分散 V (母分散 σ^2)	ばらつきの尺度の一つ. 統計学では，母集団の分散である母分散 σ^2 とサンプルの分散 V を区別する. 　分散 V は， $$V=\frac{\sum_{i=1}^{n}(x_i-\overline{x})^2}{n-1}$$ と求める. 高校数学で示されている分散 s^2, $$s^2=\frac{\sum_{i=1}^{n}(x_i-\overline{x})^2}{n}$$ は，調査の対象となるデータの総数が n である場合，すなわち母集団の大きさが n でそのすべてを調査しているとしている.
標準偏差 s	標準偏差 s (母標準偏差 σ)	分散の正の平方根. 分散の場合と同様に，統計学では，母集団の標準偏差である母標準偏差 σ とサンプルの標準偏差 s を区別する. $$s=\sqrt{V}=\sqrt{\frac{\sum_{i=1}^{n}(x_i-\overline{x})^2}{n-1}}$$ と求める.

1.2.1　データの種類

数値データの代表的なものが計量値と計数値である.

(1)　計量値

計量値は，はかることによって得られるデータで，連続的な値をとる．重量，長さ，温度，時間，電流，電圧などの他，収率，有効成分の含有率，金額なども計量値である．また一般に，比率のデータである収率や含有率などのように，分母と分子の双方またはいずれか一方が計量値の場合は，その値を計量値として扱う．

(2)　計数値

計数値は，数えることによって得られるデータで，離散的であり不連続な値をとる．不適合品数(不良品数)，不適合数(欠点数)が代表的なもので，不適合品率(不良率)，単位面積あたりの不適合数(欠点数)も計数値である．一般に，不適合品率のような比率のデータでは，分母，分子がともに計数値ならば，その値を計数値として扱う．

計量値，計数値のほか，以下の(3)分類データや(4)順位データも数値データの一種である．

(3)　分類データ

分類したクラス間に順序や大小関係がない場合，そのデータを純分類データと呼ぶ．また，分類のクラス間で順序関係が定義されるデータを順序分類データといい，製品を検査し1級品，2級品，3級品に分類する場合などである．

(4)　順位データ

1位，2位，…などのように順序によって測定したデータを，順位データと呼ぶ．

一般に計量値のデータは，計数値などのデータに比べて情報量が多い．しかしながら，測定に手間や時間を要するので，目的に応じて取得するデータの種類を選択する必要がある．

数値データのほか，数値化できない言語情報を言語データという．言語データを扱う手法として新 QC 七つ道具がある．

データの種類によって，統計的方法の適用の方法が変わるので，これらの区別は重要である．

1.2.2　ヒストグラム・度数分布表

ヒストグラムは柱状図ともいわれ，ばらつきをもった多くのデータを柱状の図にしたもので，データの全体の姿(分布)を見るのに適している．

ヒストグラムから分布の様子，すなわち，平均値やばらつき，山の形や，山の数，離れたデータの有無などを一目で確認することができる．また，規格がある場合には，規格値をどの程度のデータが満足しているか，規格値外れはないかなど，規格との対比が容易である．

また，機械別，作業者別，時間別，原料別などで層別をし，層間の違いを見ることで原因追求やアクションにつなげることもできる．

ヒストグラムを作成するには，まず度数分布表を作成する．

(1)　ヒストグラムの作り方

手順 1

データを収集する．ヒストグラムをかくには最低 50 以上のデータが必要とされており，100 以上あるのが望ましい．データ数は n とする．データの測定単位を確認しておく．

手順 2

データの中の最大値(x_{max})と最小値(x_{min})を求める．

手順 3

仮の区間の数 k を求める．仮の 区間の数$=\sqrt{\text{データ数}}$で求める．

手順 4

区間の幅(c)を決定する．c の値は必ず測定単位の整数倍になるようにする．このようにすることによって，ヒストグラムの形が歯抜け形(次節の表 1.7 参照)になることを防ぐ.

区間の幅は，$区間の幅 = \frac{最大値 - 最小値}{区間の数}$ で求めて測定単位の整数倍とする.

手順 5

区間の境界値を決める．次式によって最初の区間(第1区間)の下側(小さい方)の境界値を求める.

$$第1区間の下側境界値 = 最小値 - \frac{測定単位}{2}$$

上側境界値は，下側境界値に区間の幅 c を加えて求める．これは第2区間の下側境界値に一致する．以下，順に区間を求め，最大値を含む区間まで求める.

このようにすることによって，データが境界値と一致してしまい，どちらの区間に入れていいのかわからないという問題が起こらなくなる.

手順 6

区間の中心値を次式によって求める.

$$区間の中心値 = \frac{区間の下側境界値 + 区間の上側境界値}{2}$$

手順 7

表 **1.5** のような度数表(度数分布表)を準備し，データをチェックする.

チェックした数を数値で度数欄に記入し，その合計がデータの数 n と一致することを確認する.

手順 8

グラフ用紙に横軸に測定値をとり，区間の境界値に柱の境界を合わせる．縦

表 1.5　度数表

No.	区間の境界値	区間の中心値	チェック	度数
1 2 ⋮				
計				

軸にその区間の度数を目盛り，度数表の度数を柱に立てる．これがヒストグラムとなる．

手順 9

ヒストグラムには，次のような項目を記入しておく．

- データをとった期間
- データ数 n
- 平均値，標準偏差
- 規格値
- 作成年月日，作成者

(2) ヒストグラムの使い方

ヒストグラムを作成したら，全体の形に着目し判断することが重要である．

1) 分布の姿を見る

安定した工程からとられたデータは，左右対称の一般形(富士山形，ベル形)のヒストグラムになるが，工程に異常があると歯抜け形，離れ小島形，ふた山形などの不規則な形になる．ヒストグラムの姿を見ることによって工程の異常を知ることができる．**表 1.6** にヒストグラムの形と工程の状況をまとめる．

表 1.6 各種ヒストグラムの形

名称	ヒストグラムの形	形の説明	工程の状況
一般形	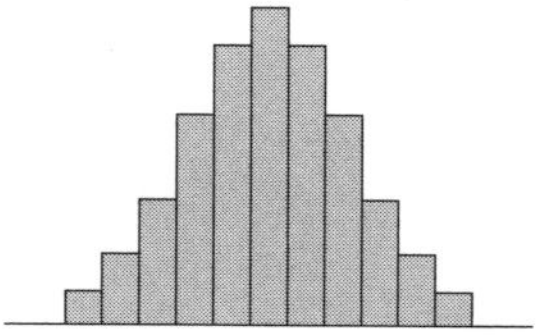	中心付近の度数が多く，中心から離れるにしたがって少なくなる．ほぼ左右対称の形をしている．	工程は安定している．

表1.6　つづき

名称	ヒストグラムの形	形の説明	工程の状況
離れ小島形		ヒストグラムの右端または左端に離れた少数のデータがある.	工程の変化などで，異常があった場合に現れる.原材料の変化，機械設備のトラブル，作業者の交替などの原因が考えられる.
ふた山形		分布の中心付近のデータが少なく，左右に2つの山がある.	平均値の異なる2つの母集団のデータが混在している．たとえば，2台の機械で製造した製品が混じっているときなどに現れる.
歯抜け形		区間の1つおきに度数が変動している.	測定器にくせがあったり，度数表を作るときの区間幅の設定が適切でない場合などに起こる.
絶壁形		右または左の端が切れた分布になっている.	規格外品を選別して取り除いた製品のデータのヒストグラムなどに現れる.

2)　規格と比較する

ヒストグラムに規格値や目標値を記入すると，規格外れの状況がわかる．また，規格値や目標値に対して平均値やばらつきの大きさを見ることができる．

1.2.3　基本統計量

サンプルからデータをまとめる際に，それを数量的に表すことによって，客観的な判断，比較，推定などが可能となる．このような数量的な値を**統計量**といい，その中で基本的なものを**基本統計量**という．

データはばらつきをもっている．このようにばらついた状態のことを「データが分布をもっている」という．すなわち，分布の様子を知ることでデータからの情報を得ることができる．

分布の様子を数量的に表すには，分布の中心がどこにあるのか，分布のばらつきがどの程度なのかを知る必要があり，それぞれ基本統計量がある．

(1)　分布の中心を表す基本統計量

1)　平均値 $\bar{x}$

平均値 $\bar{x}$ は，もっとも基本的な統計量で，算術平均ともいう．

$$\text{平均値}\ \bar{x}=\frac{(\text{データの和})}{(\text{データ数})}=\frac{x_1+x_2+\cdots+x_n}{n}=\frac{\sum x_i}{n}$$

平均値は通常データ数 n が 20 個くらいまでなら測定値の 1 桁下まで求め，20 個以上の場合は 2 桁下まで求めることが多い．

2)　メディアン(中央値) $\tilde{x}$

メディアン $\tilde{x}$ は，データを大きさの順に並べたときの中央の値である．

データの数が奇数個のときは中央の値とし，偶数個のときは中央の 2 つの値の平均値とする．一般的に，メディアンは平均値に比べ推定精度は劣るが，計算が簡便であることと，データに異常値(外れ値)がある場合に，その影響を受けないで分布の中心を知ることができるという利点がある．

(2)　分布のばらつきを表す基本統計量

1)　平方和 S

データのばらつき具合を見るには，まずは，各データ x_iと平均値 $\overline{x}$との差に注目すればよい．この差 $(x_i-\overline{x})$を偏差と呼ぶ．ただし，偏差の総和の値は，常に0になってしまうので，ばらつきの尺度にはならない．

そこで，偏差を2乗(平方)したものの和を平方和 S として，

$$平方和\ S=[\{(各データの値)-(平均値)\}^2の和]$$
$$=(x_1-\overline{x})^2+(x_2-\overline{x})^2+\cdots+(x_n-\overline{x})^2=\sum(x_i-\overline{x})^2$$

を用いる．また，この式を変形すると，

$$S=\sum(x_i-\overline{x})^2=\sum x_i^2-2\sum x_i\cdot\overline{x}+\sum\overline{x}^2=\sum x_i^2-2\overline{x}\sum x_i+\overline{x}^2\sum 1$$
$$=\sum x_i^2-2\frac{\sum x_i}{n}\cdot\sum x_i+n\left(\frac{\sum x_i}{n}\right)^2$$
$$=\sum x_i^2-\frac{(\sum x_i)^2}{n}$$

となるので，

$$平方和S=\{(各データの値)^2の和\}-\frac{(データの和)^2}{(データ数)}=\sum x_i^2-\frac{(\sum x_i)^2}{n}$$

と求めることもできる．

注：平方和は偏差平方和と呼ばれることもあるが，本書では平方和と表記する．

2)　分散 V

平方和 S は，データのばらつきを表す統計量であるが，データ数が大きくなると S の値も大きくなってしまい，そのままでは母集団(**第2章参照**)のばらつきを推測するのに適当でない．そこで，データ数の影響を受けない統計量として，

$$分散V=\frac{(平方和)}{(データ数)-1}=\frac{S}{n-1}=\frac{\sum(x_i-\overline{x})^2}{n-1}=\frac{\sum x_i^2-\frac{(\sum x_i)^2}{n}}{n-1}$$

を用いる．

注：なぜnではなく$(n-1)$で割るのかについて説明する．仮にデータが1つしかない状況を考える．データが1つではばらつきを評価しようがない．しかし，データがもう1つ加わればばらつきが評価できる．データが2つあってはじめて，ばらつきを評価する情報が1つ分できる．データ3つで2つ，データn個では$(n-1)$個である．これを自由度という．

3) 標準偏差 s

平方和も分散も元のデータの2乗の形になっているので，分散Vの平方根をとり，元のデータの単位に戻した，

$$\text{標準偏差}\ s = (\text{分散の平方根}) = \sqrt{V} = \sqrt{\frac{S}{n-1}} = \sqrt{\frac{\sum (x_i - \bar{x})^2}{n-1}}$$

$$= \sqrt{\frac{\sum x_i^2 - \frac{(\sum x_i)^2}{n}}{n-1}}$$

を用いる．

4) 範囲 R

1組のデータの中の最大値と最小値の差を範囲Rと呼び，

$$\text{範囲}\ R = (\text{最大値}) - (\text{最小値}) = x_{\max} - x_{\min}$$

と求める．

範囲はデータ数が多くなってくると，標準偏差に比べてばらつきの尺度としての推定精度が悪くなる．したがって，一般に，データ数が10以下のときに用いられる．

5) 変動係数 CV

標準偏差と平均値の比を変動係数CVといい，通常，パーセントで表す．

$$\text{変動係数}CV = \frac{(\text{標準偏差})}{(\text{平均値})} \times 100 = \frac{s}{\bar{x}} \times 100 \quad (\%)$$

と求める．

平均値に対するばらつきの相対的な大きさを表すのに用いる．ばらつきの程度が同じでも，平均値が小さければ，相対的に大きく変動していると考える指標になる．

1.3　本章の例題

【例題 1.1】

木工部品の製造工程がある．最近，ある部分の寸法のばらつきが大きくなっているとの指摘があり，**表 1.7** のデータを収集した．これらのデータからヒストグラムを作成して考察せよ．なお，寸法の下限規格値は 60mm，上限規格値は 72mm である．

表 1.7　木工部品の寸法のデータ（単位：mm）

70	×61	62	61	68	69	○72	64	65	62
○74	69	63	71	68	×60	63	64	64	64
⋇56	65	70	69	○73	66	63	66	63	65
67	67	60	◎75	61	66	66	68	67	×59
×58	62	62	64	60	67	68	○69	64	65
64	63	64	69	×61	64	69	64	○71	67
65	70	64	×61	64	○71	67	63	63	70

【解答】

手順 1

データ数は 70，測定単位は 1mm である．

手順 2

データ表の各行ごとに最大値（○印）と最小値（×印）を求め，これらの中から全データの最大値（◎印）と最小値（⋇印）を求める．

最大値は 75，最小値は 56 である．

本章の例題

手順 3

仮の区間の数 k は,

$$k=\sqrt{n}=\sqrt{70}=8.4\rightarrow 8$$

となる.

手順 4

区間の幅(c)は,

$$c=\frac{x_{\max}-x_{\min}}{k}=\frac{75-56}{8}=2.4\rightarrow 2$$

となる.

手順 5

最初の区間(第 1 区間)の下側(小さいほう)の境界値は,

$$\text{第 1 区間の下側境界値}=\text{最小値}-\frac{\text{測定単位}}{2}=56-\frac{1}{2}=55.5$$

となる. 上側境界値は, 下側境界値に区間の幅 c を加えて求めて, 最大値を含む区間まで求める.

手順 6

区間の中心値を求める.

手順 7

表 1.8 のような度数表(度数分布表)を準備し, データをチェックする.

チェックした数を数値で度数欄に記入し, その合計がデータの数 n と一致することを確認する.

手順 8

ヒストグラムを作成する(**図 1.5**).

手順 9

ヒストグラムに必要事項を記入する.

手順 10

作成したヒストグラムから下記のことがわかる.

① 分布の形はほぼ一般形であり, とくに工程に異常はあるとはいえない.

表 1.8　度数表

No.	区間の境界値	区間の中心値	チェック	度数
1	55.5～57.5	56.5	/	1
2	57.5～59.5	58.5	//	2
3	59.5～61.5	60.5	~~////~~ ///	8
4	61.5～63.5	62.5	~~////~~ ~~////~~ /	11
5	63.5～65.5	64.5	~~////~~ ~~////~~ ~~////~~ //	17
6	65.5～67.5	66.5	~~////~~ ~~////~~	10
7	67.5～69.5	68.5	~~////~~ ~~////~~	10
8	69.5～71.5	70.5	~~////~~ //	7
9	71.5～73.5	72.5	//	2
10	73.5～75.5	74.5	//	2
計				70

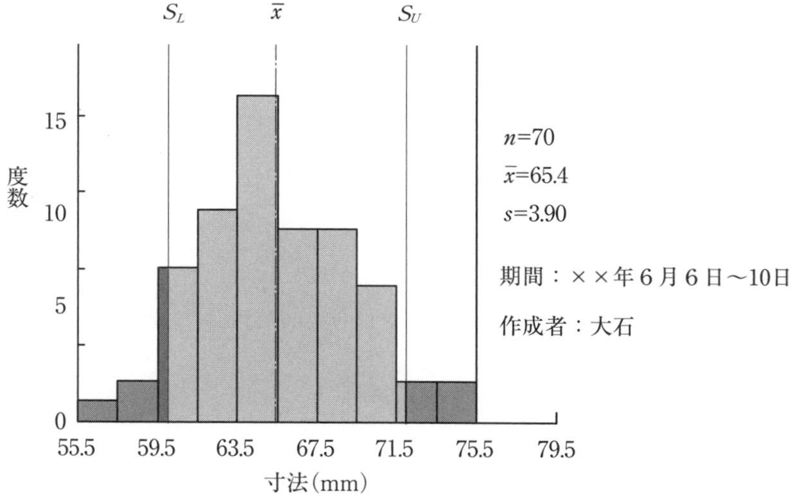

図 1.5　木工部品の寸法のヒストグラム

② 規格との対比を見ると，上限規格と下限規格の両方に規格外れが発生している．

③ 平均はほぼ規格の中央にあるので，ばらつきの大きさが問題である．

④　今後の対応策として，層別や管理図などからばらつきの原因となっている要因を追及して対策を講じる必要がある．

【例題 1.2】

農薬を製造している工程がある．8 個のサンプルを採取し，ある成分の濃度(%)を測定した．平均値 $\bar{x}$，メディアン $\tilde{x}$，平方和 S，分散 V，標準偏差 s，範囲 R，変動係数 CV を求めよ．

6.4　7.1　5.8　6.0　6.8　4.7　8.3　5.2　(%)

【解答】

(1)　平均値 $\bar{x}$

$$\bar{x}=\frac{\text{データの総和}}{\text{データ数}}=\frac{\sum x_i}{n}=\frac{6.4+7.1+5.8+6.0+6.8+4.7+8.3+5.2}{8}$$

$$=\frac{50.3}{8}=6.29 \quad (\%)$$

(2)　メディアン(中央値) $\tilde{x}$

データを小さいものから順番に並べ変える．

4.7　5.2　5.8　6.0　6.4　6.8　7.1　8.3

データ数が 8 で偶数なので，小さいほうから 4 番目のデータ 6.0 と 5 番目のデータ 6.4 の平均値がメディアンとなる．

$$\tilde{x}=\frac{6.0+6.4}{2}=6.2 \quad (\%)$$

(3)　平方和 S

$$S=(\text{各データ}-\text{平均値})^2\text{の和}=\sum(x_i-\bar{x})^2$$
$$=(6.4-6.29)^2+(7.1-6.29)^2+(5.8-6.29)^2+(6.0-6.29)^2+(6.8-6.29)^2$$
$$+(4.7-6.29)^2+(8.3-6.29)^2+(5.2-6.29)^2$$
$$=9.009 \quad (\%^2)$$

または，

$$S=(\text{各データ})^2\text{の和}-(\text{データの和})^2/\text{データ数}$$

$$=\sum x_i^2-\frac{(\sum x_i)^2}{n}=(6.4^2+7.1^2+5.8^2+6.0^2+6.8^2+4.7^2+8.3^2+5.2^2)-50.3^2/8=9.009\quad(\%^2)$$

(4)　分散 V

$$V=\frac{\text{平方和}}{\text{データ数}-1}=\frac{S}{n-1}=\frac{9.009}{8-1}=1.287\quad(\%^2)$$

(5)　標準偏差 s

$$s=\text{分散の平方根}=\sqrt{V}=\sqrt{1.287}=1.13\quad(\%)$$

(6)　範囲 R

$$R=\text{最大値}-\text{最小値}=8.3-4.7=3.6\quad(\%)$$

(7)　変動係数 CV

$$CV=(\text{標準偏差}/\text{平均値})\times100=\frac{s}{\bar{x}}\times100$$

$$=(1.13/6.29)\times100=18.0\quad(\%)$$

第 2 章

標本調査と母集団の分布

2.1　高校数学での標本調査と母集団の分布

母集団と標本，母集団の分布について学ぶ．

2.1.1　母集団と標本

(1)　母集団と標本

ある高校の 2 年生男子の体重や，ある市での月ごとの転入者のように，集団としての各要素のある特性を表す数を**変量**という．

集団に対して，ある変量を統計調査するときに，集団全体をもれなく調べる全数調査と，集団の一部を調べ，その結果から集団全体の性質を推測する標本調査がある(**図 2.1**)．

例：国勢調査や学校で行う身体測定は，全数調査である．新聞社や放送局が行う世論調査や工業製品の抜取検査は，標本調査である．

標本調査では，調査の対象全体を**母集団**といい，母集団に含まれる要素の個

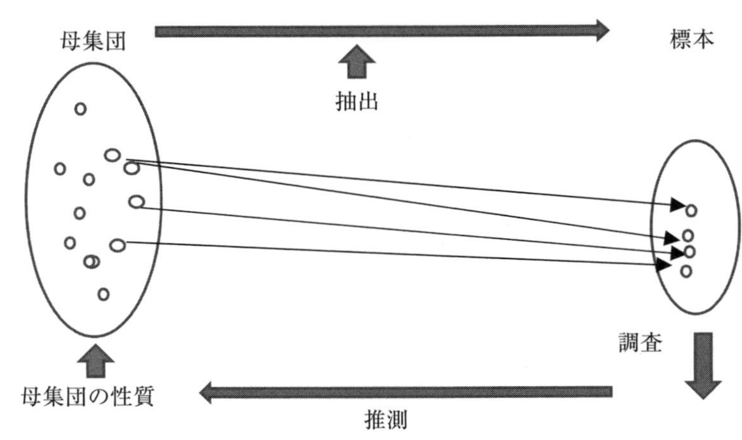

図 2.1　母集団と標本

数を**母集団の大きさ**という．

母集団から取り出された要素の集まりを**標本**といい，標本に含まれる要素の個数を標本の大きさという．また，標本を取り出すことを「**抽出する**」という．

標本を抽出する方法には，要素を1個取り出したらもとに戻し，改めてまた1個取り出すことを繰り返す**復元抽出**と，取り出したものをもとに戻さずに続けて取り出す**非復元抽出**がある．

標本の大きさ n に比べて母集団の大きさ N が十分に大きいときには，非復元抽出であっても，復元抽出による標本と同じと見なしてよい．

本章では，復元抽出の場合について考えることにする．

(2)　無作為抽出

乱数さいや乱数表などを用いて，母集団の各要素を等しい確率で抽出する方法を無作為抽出といい，**無作為抽出**による標本を**無作為標本**という．

乱数さいは，正二十面体の各面に，0から9までの数字を2面ずつつけたものである．例えば，赤，黄の2個の乱数さいの数を，この順に十の位，一の位と決めると，00から99までの数の無作為抽出ができる．

(3)　母集団の分布

ある学校の35人の学級を母集団として，1月生まれが4人，2月生まれが2人，3月生まれが5人，4月生まれが2人，…，12月生まれが2人いるとする．この母集団から1人無作為抽出するとき，1月生まれが抽出される確率は4/35である．

一般に，大きさ N の母集団において，変量 X の異なる値を x_1，x_2，…，x_n とし，それぞれの値をとる度数を f_1，f_2，…，f_n とする．ここで，

$$f_1+f_2+\cdots+f_n=N$$

である．この母集団から1つの要素を無作為抽出するとき，$X=x_k$ となる確率は次のようになる．

表 2.1　X の確率分布

X	x_1	x_2	…	x_n	計
P	$\frac{f_1}{N}$	$\frac{f_2}{N}$	…	$\frac{f_n}{N}$	1

$$P(X=x_k)=\frac{f_k}{N} \quad (k=1,\ 2,\ \cdots,\ n)$$

したがって，X は確率変数(第 3 章参照)である．X の確率分布は**表 2.1** のようになる．

この確率分布を母集団分布という．確率変数 X の平均 $E(X)$，分散 $V(X)$，標準偏差 $\sigma(X)$ をそれぞれ**母平均**，**母分散**，**母標準偏差**といい，それぞれ m，σ^2，σ で表す．

2.2　実学としての標本調査と母集団の分布

統計学では，一般に未知である母平均や母分散(これらを母数と呼ぶ)を推測することが大きな目的である．このため，サンプルから求めた平均値や分散(これらを統計量と呼ぶ)を扱うのであるが，これらは母平均，母分散と必ずしも一致するものではないことに注意する．

表 2.2 に第 2 章における用語と記号の対照表を示す．

2.2.1　母集団とサンプル

(1)　母集団とサンプル

私たちが，品質管理を行うときに，その対象は何だろう？　なにか調べたいというその対象は何だろう？　私たちの活動は空間的にも時間的にもかなりの拡がりをもって行われるものである．したがって，製品を製造する工程そのものが管理の対象となると考える．

世論調査というものがある．世論調査の対象は，例えば「全国の有権者」という無数で永続的ともいえる集まりを対象にしている．それに対し今回たまた

表 2.2　用語と記号の対照表

高校数学	実学	意味と注
変量	(確率)変数	離散(確率)変数で表されるデータを計数値，連続(確率)変数で表されるデータを計量値という.
標本 抽出 無作為 無作為標本 無作為抽出 標本の大きさ	サンプル サンプリング ランダム ランダムサンプル ランダムサンプリング サンプルサイズ サンプルの大きさ	試料ともいう. 標本抽出，抜取，試料採取ともいう. ランダム抽出，ランダム抜取りともいう. わかりやすくするため,「サンプルの数」の表現も使う.
母平均 m	母平均 μ	母分散 σ^2 と母標準偏差 σ は同じ記号を使う.

まアンケートを依頼された人は,「全国の有権者」の代表で，いわば「標本」ということになる.

このように品質管理でも，管理の対象となる調べたいものとその情報をえるために調べるものを区別して考える必要がある．調査や管理の対象となる集団を**母集団**，母集団の情報を得るために調べるものを**サンプル(標本)**とよぶ.

このように，サンプルによって母集団を推測するということが，統計的方法の基本であり，このことが，統計的方法の便利さ，複雑さ，そして面白さをもたらしているのである.

工程管理のように処置の対象が工程である場合は，母集団を構成するものの数が無限であると考えられるので，**無限母集団**という．一方，ロットの合否を抜取検査で判断するような場合は，処置の対象がロットという母集団であり，それを構成するものの数が有限であるので，**有限母集団**という(**図 2.2**).

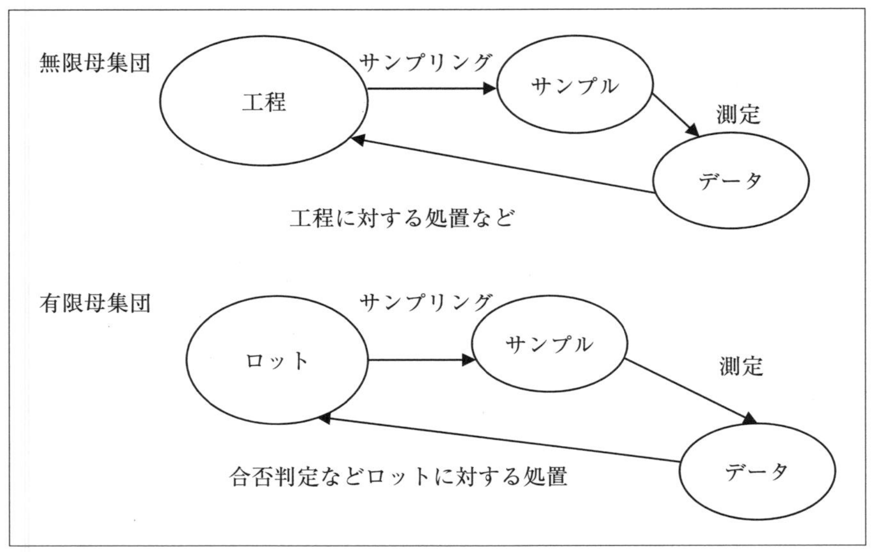

図 2.2　母集団とサンプルの関係

(2)　サンプリング

品質管理においては，管理や調査の対象になる母集団の情報を正しく得るためには，それらを正しく代表するサンプルをとらなければならない．

内閣支持率の調査を首相の地元だけで実施すれば，かなりの高支持率が期待されるが，それでは「国内の有権者すべて」を正しく代表しているとはいえないだろう．母集団を構成している一つひとつの要素は均一ではない，ばらばらである．しかし，ばらばらであったとしても，母集団を代表するサンプルをとればよいのだから，すべての「一つひとつ」がサンプルとして選ばれるチャンスが同じになるようにすればよいのである．このようなサンプルのとり方を**ランダムサンプリング**という．こうすれば，均一な集団でなくても，母集団を代表するサンプルを正しくとることができる．

すなわち，管理や調査の対象となるものの情報を正しくえるためには，まずサンプルのとり方が極めて重要であるということができる．

もうひとつ，サンプルのとり方をいかに工夫しても，とるたびに異なるものがとられるということ(**誤差**という)にも注意が必要である.

(3)　ランダムサンプリング

サンプルを採取する場合には，その母集団を代表するサンプルをとるようにしなければならない.

普通は，**ランダムサンプリング**という方法が用いられる．母集団を代表するサンプルをとり，統計的手法を用いてデータを処理するためには，正しいサンプリング方法，すなわちランダムサンプリングが重要である.

ランダムサンプリングは，「でたらめに」とか「適当に」サンプリングを行うことではない.「**母集団を構成するものが，すべて同じ確率でサンプルとなるようサンプリングすること**」である．例えば，製品100本が1箱に入っているとする．この中から5本をサンプリングする場合を考える.「適当に」サンプリングを行うと，箱の中の取りやすい場所にあるびんが選ばれることが多くなるだろう．上下2段に詰めてあるようなときには，下段からサンプリングをされることは少ないであろう．このようなサンプリングのかたよりを防ぐには，ランダムサンプリングが必要である．具体的な手順としては，あらかじめサンプリングの対象となるものすべてに番号をつけておき，乱数表や関数電卓などで発生させた乱数で得られた数の番号に当たったものをサンプルとして採取する，などが考えられる.

なお，実務の場面では，このような単純ランダムサンプリングは実施が困難な場合がある．このため，2段サンプリング，層別サンプリング，集落サンプリング，系統サンプリングなどのサンプリング法が用意されている.

(4)　誤差

私たちが，工程やロットからサンプルを採取する場合，採取するたびにサンプルは異なるのでサンプル間のばらつきが生じる．また，サンプルの特性を測定する場合も，測定ごとに同じデータがでるとは限らず測定のばらつきが生じる．このようなばらつきについて，サンプル間のばらつきを**サンプリング誤差**，測定のばらつきを**測定誤差**とよぶ．

2.2.2 母集団の推測

高校数学の統計では，平均や分散，標準偏差といった用語が頻出するが，これらが母集団についてのものなのか，サンプル(標本)についてのものなのかがあいまいとなっている場合も多い．

教科書では，あるクラスの男子生徒の身長やテストの点数などがデータの例としてよく扱われている．この場合，あるクラス全体を母集団と考えると，クラスすべての生徒のデータから求めた平均や分散は，母集団の平均，分散，すなわち母平均，母分散ということになるだろう．

しかし，日本全体の高校 2 年生男子の身長を母集団と考えると，母集団を構成するすべての生徒の身長を測定してまとめることは容易ではない．この場合，母集団の一部の生徒を指定して身長を測定して，それらのデータから平均値や分散を求めることを行う．指定された生徒はサンプル(標本)であり，サンプルは母集団全体からランダムにサンプリングされるものとする．

このようにして得られたサンプルから求めた平均値や分散は，母平均や母分散を推測する目的に使われるのだが，母平均，母分散と必ずしも一致するものではない．

統計学では，一般に未知である**母平均**や**母分散**(これらを**母数**と呼ぶ)を推測するために，サンプルから求めた平均値や分散(これらを**統計量**と呼ぶ)を扱うのである．したがって，母集団に関することを述べているのか，サンプルに関することを述べているのかを常に意識することは極めて重要である．

慣れてくれば文脈からでも，母集団についての母数のことか，サンプルについての統計量のことかは，判断できると思われるが，万一にも誤解を招かないためにも，きちんと区別をして表現したり理解することが求められる．

母集団・母数とサンプル・統計量の関係を**図 2.3** に表す．

統計学では，図のように，一般に未知である母平均や母分散をデータから求

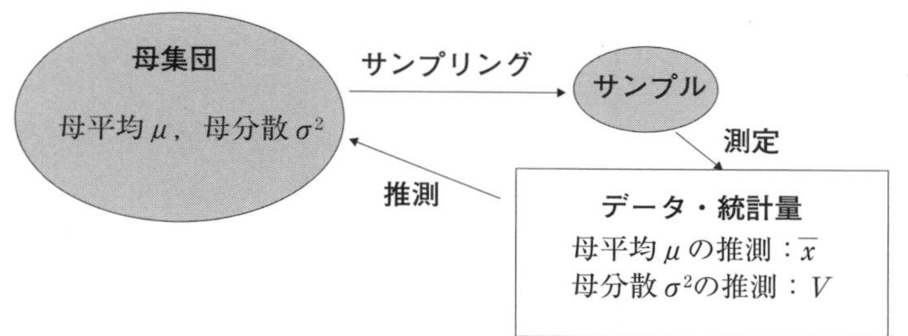

図 2.3　母集団とサンプル

表 2.3　母数と統計量

区分	用語	記号	式
母数	母平均（平均，期待値ともいう）	μ（m：高校数学）	$E(X)=\mu$ $E(X)$は確率変数 X の期待値を表す（**第 3 章**参照）．
	母分散（分散ともいう）	σ^2	$V(X)=E[(X-E(X))^2]=\sigma^2$ $V(X)$ は確率変数 X の分散を表す（**第 3 章**参照）．
	母標準偏差（標準偏差ともいう）	σ	$\sqrt{V(X)}=D(X)=\sigma(X)=\sigma$
統計量	平均値（標本平均ともいう）	$\overline{x}$	$\overline{x}=\dfrac{\sum_{i=1}^{n} x_i}{n}$
	分散（不偏分散，標本分散ともいう）	V	$V=\dfrac{\sum_{i=1}^{n}(x_i-\overline{x})^2}{n-1}$
	標準偏差（標本標準偏差ともいう）	s	$s=\sqrt{V}=\sqrt{\dfrac{\sum_{i=1}^{n}(x_i-\overline{x})^2}{n-1}}$

めた統計量を使って推測を行うのである．**表 2.3** に母数と統計量について整理する．

ここで，分散 V を求める際に，偏差の 2 乗の合計を $(n-1)$ で割る理由を述べる．

分散 V を求めるには，n 個のデータから平均を求め，各データの偏差 $x_1-\overline{x}$，…，$x_n-\overline{x}$ を計算する．偏差の合計は必ず $(x_1-\overline{x})+\cdots+(x_n-\overline{x})=0$ になるので，偏差のうち任意の $n-1$ 個を定めれば，残りの 1 つは決まってしまう．よって，n 個の偏差のうち独立なものは $(n-1)$ 個となる．これを**自由度**という．

このようにして求めた値のほうが，偏差の 2 乗の合計を n で割った値よりも，母分散の値に近いことが知られている．この値を不偏(偏りのない)分散と呼ぶことがある．不偏分散のように偏りのない推定量を不偏推定量と呼ぶ．平均値 $\overline{x}$ は母平均 μ の不偏推定量である．

第3章

確率変数と確率分布

3.1 高校数学での確率変数と確率分布

確率変数と確率分布について学ぶ.

3.1.1 確率変数と確率分布

1枚の硬貨を3回投げる試行を行うと，表裏の出方は次の8通りである.

○○○，○○×，○×○，×○○，○××，×○×，××○，×××

(○は表，×は裏を表す)

このとき，表が出る回数を X で表すと，X のとり得る値は0，1，2，3であり，X がそれぞれの値をとる確率は，**表3.1**のようになる.

一般に，試行の結果によって，その値をとる確率が定まる変数 X を**確率変数**という.

X が1つの値 x_k をとる確率を $p(X=x_k)$，a 以上 b 以下の値をとる確率を，$P(a \leqq X \leqq b)$ で表す.

確率変数 X がとる値 x_1，x_2，x_3，…，x_n と X がそれらの値をとる確率 p_1，p_2，p_3，…，p_n との対応関係を，X の**確率分布**または**分布**といい，確率変数 X はこの**確率分布に従う**という．確率分布は表**3.2**で示される.

このとき，次のことが成り立つ.

表3.1　X と確率

X	0	1	2	3	計
確率 P	1/8	3/8	3/8	1/8	1

表3.2　確率変数 X の確率分布

X	x_1	x_2	x_3	…	x_n	計
P	p_1	p_2	p_3	…	p_n	1

$p_1 \geqq 0,\ p_2 \geqq 0,\ p_3 \geqq 0,\ \cdots,\ p_n \geqq 0$

$p_1 + p_2 + p_3 + \cdots + p_n = 1$

3.1.2　確率変数の平均と分散

(1)　確率変数の平均

一般に，確率変数 X の確率分布が表 3.2 で与えられているとき，

$x_1p_1 + x_2p_2 + x_3p_3 + \cdots + x_np_n$

を確率変数 X の**平均**または**期待値**といい，$E(X)$ で表す．

確率変数 X の平均：

$$E(X) = x_1p_1 + x_2p_2 + x_3p_3 + \cdots + x_np_n = \sum_{k=1}^{n} x_kp_k$$

(2)　確率変数の分散と標準偏差

確率変数 X の確率分布が表 3.2 で与えられ，平均が m であるとき，

$(x_1 - m)^2p_1 + (x_2 - m)^2p_2 + (x_3 - m)^2p_3 + \cdots + (x_n - m)^2p_n$

を確率変数 X の**分散**といい，$V(X)$ で表す．

また，確率変数 X と同じ単位をもつ散らばりの度合いを表す値として，分散の正の平方根 $\sqrt{V(X)}$ を用いることが多い．これを X の**標準偏差**といい，$\sigma(X)$ で表す．

確率変数 X の分散と標準偏差：

$$V(X) = E((X - m)^2) = \sum_{k=1}^{n} (x_k - m)^2 p_k$$

$$\sigma(X) = \sqrt{V(X)}$$

変数の値が平均の近くに集まるほど，$(x_k - m)^2$ の合計は０に近づくから，分散や標準偏差の値は小さくなる．つまり，分散や標準偏差の値が小さいほうが確率分布の散らばりの度合いはより小さいといえる．

(3) 分散と標準偏差の計算

確率変数 X の確率分布が表 3.2 で与えられているとき，平均が m である確率変数 X の分散と平均の関係を考えてみる．

$$V(X)=\sum_{k=1}^{n}(x_k-m)^2p_k=\sum_{k=1}^{n}x_k^2p_k-2m\sum_{k=1}^{n}x_kp_k+m^2\sum_{k=1}^{n}p_k$$

$\sum_{k=1}^{n}x_k^2p_k$ は，X^2 を確率変数と見たときの平均と考えることができ，$E(X^2)$ で表せる．確率変数 X^2 の確率分布は表 **3.3** で表される．

また，$\sum_{k=1}^{n}x_kp_k=E(X)=m$，$\sum_{k=1}^{n}p_k=1$ であるから，

$$V(X)=E(X^2)-2m\cdot m+m^2=E(X^2)-m^2=E(X^2)-\{E(X)\}^2$$

したがって，次のことが成り立つ．

確率変数 X の分散と標準偏差の計算：

$$V(X)=E(X^2)-\{E(X)\}^2,\quad \sigma(X)=\sqrt{E(X^2)-\{E(X)\}^2}$$

(4) 確率変数の変換

1) 確率変数 $aX+b$ の平均・分散・標準偏差

確率変数 X の平均，分散および標準偏差がわかっているとき，確率変数 $aX+b$ の平均，分散および標準偏差を調べてみる．

確率変数 X の確率分布が表 3.2 で与えられているとき，a，b を定数として，

$$Y=aX+b$$

を定めると，Y もまた確率変数である．

Y の確率分布は表 **3.4** のようになるから，Y の平均は，

表 3.3　確率変数 X^2 の確率分布

X^2	${x_1}^2$	${x_2}^2$	${x_3}^2$	…	${x_n}^2$	計
P	p_1	p_2	p_3	…	p_n	1

表 3.4　確率変数 Y の確率分布

Y	ax_1+b	ax_2+b	ax_3+b	…	ax_n+b	計
P	p_1	p_2	p_3	…	p_n	1

$$E(Y)=E(aX+b)=(ax_1+b)p_1+(ax_2+b)p_2+(ax_3+b)p_3+\cdots+(ax_n+b)p_n$$
$$=\sum_{k=1}^{n}(ax_k+b)p_k=a\sum_{k=1}^{n}x_kp_k+b\sum_{k=1}^{n}p_k \tag{3.1}$$

ここで，$\sum_{k=1}^{n}x_kp_k=E(X)$，$\sum_{k=1}^{n}p_k=1$ であるから，式(3.1)は，

$$E(Y)=aE(X)+b \tag{3.2}$$

また，$E(X)=m$ とすると，a，b は定数であるから，式(3.2)は，

$$E(aX+b)=aE(X)+b=am+b$$

よって，Y の分散は，

$$V(Y)=V(aX+b)=\sum_{k=1}^{n}\{ax_k+b-(am+b)\}^2p_k$$

ここで，$\{ax_k+b-(am+b)\}^2=a^2(x_k-m)^2$ であるから，

$$V(Y)=V(aX+b)=a^2\sum_{k=1}^{n}(x_k-m)^2p_k=a^2V(X)$$

よって，Y の標準偏差は，

$$\sigma(Y)=\sqrt{V(Y)}=\sqrt{a^2V(X)}=|a|\sigma(X)$$

となる．

確率変数 $aX+b$ の平均・分散・標準偏差：

> a，bを定数とするとき，
> $$E(aX+b)=aE(X)+b$$
> $$V(aX+b)=a^2V(X)$$
> $$\sigma(aX+b)=|a|\sigma(X)$$

3.1.3 確率変数の和と積

2つの確率変数X，Yがあり，X，Yの確率分布を同時に考えたときの和$X+Y$の平均と分散，積XYの平均を求めてみよう．

(1) 同時確率分布

赤色と白色の2つのさいころがある．これらを同時に投げて，赤色のさいころの目が1，2，3，4であったときは1点を，5，6であったときは2点を与える．同様に白色のさいころの目が1，2であったときは0点を，3，4であったときは1点を，5，6であったときは2点を与えるという試行を考える．

赤色のさいころによる点数をX，白色のさいころによる点数をYとすると，確率変数X，Yの確率分布は，それぞれ**表3.5**，**表3.6**のようになる．

このとき，「$X=1$ かつ $Y=2$」となる確率は，

$$2/3\times 1/3=2/9$$

であり，これを次のように表す．

$$P(X=1,\ Y=2)=2/9$$

このようにして，XとYの確率分布を同時に考えたものが**表3.7**である．

2つの確率変数XとYの確率分布を同時に考えたものを同時確率分布という．

表3.5　Xの確率分布

X	1	2	計
確率P	2/3	1/3	1

表3.6　Yの確率分布

Y	0	1	2	計
確率P	1/3	2/3	1/3	1

表3.7　X, Yの同時確率分布

X \ Y	0	1	2	計
1	2/9	2/9	2/9	6/9
2	1/9	1/9	1/9	3/9
計	3/9	3/9	3/9	1

表3.8　X, Yの同時確率分布

X \ Y	y_1	y_2	y_3	計
x_1	r_{11}	r_{12}	r_{13}	p_1
x_2	r_{21}	r_{22}	r_{23}	p_2
計	q_1	q_2	q_3	1

(2)　確率変数 $X+Y$ の平均

確率変数 $X+Y$ の平均について考えてみよう．

2つの確率変数 X, Y について，$X=x_i$ かつ $Y=y_j$ となる確率，

$$P(X=x_i,\ Y=y_j)$$

を r_{ij} として，X と Y の同時確率分布を表3.8で与えるとき，確率変数 $X+Y$ の平均は次のようになる．

$$\begin{aligned}E(X+Y)&=(x_1+y_1)r_{11}+(x_1+y_2)r_{12}+(x_1+y_3)r_{13}+(x_2+y_1)r_{21}+(x_2+y_2)r_{22}+(x_2+y_3)r_{23}\\&=x_1(r_{11}+r_{12}+r_{13})+x_2(r_{21}+r_{22}+r_{23})+y_1(r_{11}+r_{21})+y_2(r_{12}+r_{22})+y_3(r_{13}+r_{23})\\&=(x_1p_1+x_2p_2)+(y_1q_1+y_2p_2+y_3q_3)=E(X)+E(Y)\end{aligned}$$

さらに，a, b を定数とするとき，

$$E(aX+bY)=E(aX)+E(bY)=aE(X)+bE(Y)$$

となる．

確率変数の和の平均：

> a, bを定数とするとき，2つの確率変数X, Yについて
> $$E(X+Y)=E(X)+E(Y)$$
> $$E(aX+bY)=aE(X)+bE(Y)$$

3つ以上の確率変数についても，2つの確率変数の場合と同じような式が成り立つ．例えば，3つの確率変数 X，Y，Z について，次の式が成り立つ．

$$E(X+Y+Z)=E(X)+E(Y)+E(Z)$$

(3)　独立な確率変数

一般に，2つの X，Y において，X，Y のとるすべての値 $X=a$，$Y=b$ に対して，常に，

$$P(X=a, Y=b)=P(X=a)P(Y=b)$$

が成り立つとき，確率変数 X，Y は**独立である**という．

3つ以上の確率変数についても，2つの確率変数の場合と同じように独立が定義される．例えば，3つの確率変数 X，Y，Z において，X，Y，Z のとるすべての値 $X=a$，$Y=b$，$Z=c$ に対して，

$$P(X=a, Y=b, Z=c)=P(X=a)P(Y=b)P(Z=c)$$

が成り立つとき，確率変数 X，Y，Z は独立であるという．

(4)　確率変数 XY の平均

2つの確率変数 X，Y が独立であるとき，XY の平均について考えてみる．X，Y の確率分布がそれぞれ**表3.9**として与えられているとする．

ここで，X と Y は独立であるから，

$$P(X=x_i, Y=y_j)=p_iq_j$$

表3.9　X，Y の確率分布

X	x_1	x_2	計
P	p_1	p_2	1

Y	y_1	y_2	y_3	計
P	q_1	q_2	q_3	1

表 3.10　X, Y の同時確率分布

X \ Y	y_1	y_2	y_3	計
x_1	p_1q_1	p_1q_2	p_1q_3	p_1
x_2	p_2q_1	p_2q_2	p_2q_3	p_2
計	q_1	q_2	q_3	1

表 3.11　XY の確率分布

XY	x_1y_1	x_1y_2	x_1y_3	x_2y_1	x_2y_2	x_2y_3	計
P	p_1q_1	p_1q_2	p_1q_3	p_2q_1	p_2q_2	p_2q_3	1

よって，X と Y の同時確率分布は表 **3.10** のようになる.

ここで，X と Y の積 XY を考えると，その確率分布は表 **3.11** のようになる.

したがって，XY の平均は次のようになる.

$$\begin{aligned}E(XY)&=x_1y_1p_1q_1+x_1y_2p_1q_2+x_1y_3p_1q_3+x_2y_1p_2q_1+x_2y_2p_2q_2+x_2y_3p_2q_3\\&=x_1p_1(y_1q_1+y_2q_2+y_3q_3)+x_2p_2(y_1q_1+y_2q_2+y_3q_3)\\&=(x_1p_1+x_2p_2)(y_1q_1+y_2q_2+y_3q_3)=E(X)E(Y)\end{aligned}$$

独立な確率変数の積の平均：

> 2つの確率変数X, Yが独立であるとき，
> $$E(XY)=E(X)E(Y)$$

(5)　確率変数 $X+Y$ の分散

X, Y が独立であるとき，$X+Y$ の分散について考える.

$$\begin{aligned}V(X+Y)&=E((X+Y)^2)-\{E(X+Y)\}^2\\&=E(X^2+2XY+Y^2)-\{E(X+Y)\}^2\\&=E(X^2)+2E(XY)+E(Y^2)-\{E(X)\}^2-2E(X)E(Y)-\{E(Y)\}^2\end{aligned}$$

ここで，X と Y は独立であるから，

$$E(XY)=E(X)E(Y)$$

したがって，次のようになる．

$$V(X+Y)=E(X^2)-\{E(X)\}^2+E(Y^2)-\{E(Y)\}^2=V(X)+V(Y)$$

独立な確率変数の和の分散：

> 2つの確率変数 X，Y が独立であるとき，
> $$V(X+Y)=V(X)+V(Y)$$

2つの確率変数 X，Y が独立であるとき，次の式が成り立つ．

> $$V(aX+bY)=a^2V(X)+b^2V(Y)$$

(6)　3つ以上の独立な確率変数

3つ以上の独立な確率変数についても，2つの独立な確率変数の場合と同じような式が成り立つ．例えば，3つの確率変数 X，Y，Z が独立であるとき，次の式が成り立つ．

3つの独立な確率変数の積の平均と和の分散：

> 3つの確率変数 X，Y，Z が独立であるとき，
> $$E(XYZ)=E(X)E(Y)E(Z)$$
> $$V(X+Y+Z)=V(X)+V(Y)+V(Z)$$

3.1.4　連続型確率変数

表 3.12 は，ある高校の2年生男子100人の身長の度数分布表である．また，**図 3.1** は相対度数分布表をもとにかいたヒストグラムである．このヒストグラムにおけるそれぞれの長方形は，面積がその階級の相対度数に等しくなるように定めている．ここで，各階級の相対度数の総和は1である．

したがって，相対度数分布表をもとにヒストグラムをかくとき，各長方形の

表 3.12　身長の度数分布表

階級(cm)	度数	相対度数
155 以上～160 未満	2	0.02
160 以上～165 未満	7	0.07
165 以上～170 未満	25	0.25
170 以上～175 未満	36	0.36
175 以上～180 未満	18	0.18
180 以上～185 未満	11	0.11
185 以上～190 未満	1	0.01
計	100	1.00

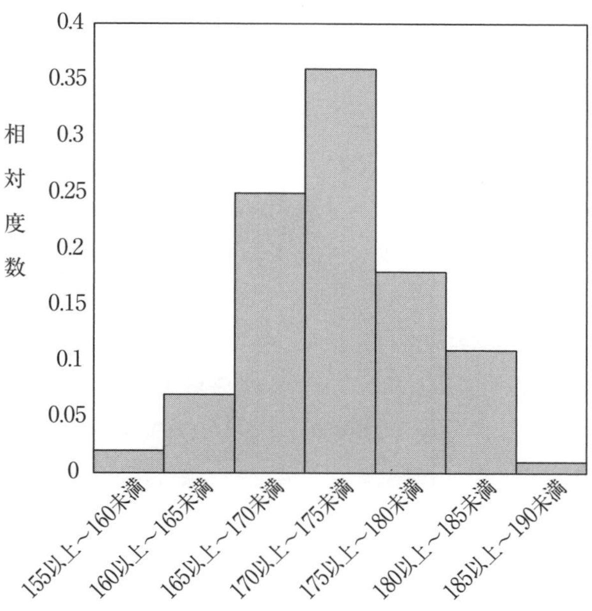

図 3.1　身長のヒストグラム

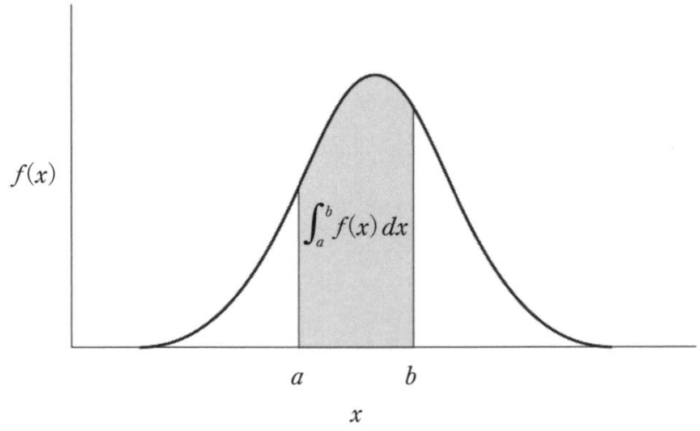

図 3.2　連続型確率分布

面積の総和は常に 1 である．

この 100 人の生徒から 1 人選び，その生徒の身長を Xcm とする．このとき，例えば，X が属する階級の階級値が 167cm である確率は，165cm 以上 170cm 未満の階級の相対度数 0.25 に一致すると考えられる．

この例において，データの数を増やし，階級の幅を小さくしながらヒストグラムを作ると，長方形の上辺の中点を結んだ折れ線は，1 つの曲線に近づいていく．

一般に，X がある範囲に属するすべての実数値をとり，次の性質①，②，③を満たす関数 $f(X)$ があるとき，X を**連続型確率変数**，$f(X)$ を X の**確率密度関数**，$y=f(X)$ のグラフを X の分布曲線といい，$f(X)$ によって定まる確率分布を**連続型確率分布**という（図 3.2）．

①　$f(x) \geqq 0$

②　X が a 以上 b 以下の値をとる確率 $P(a \leqq X \leqq b)$ は，$y=f(X)$ のグラフと X 軸および 2 直線 $X=a$，$X=b$ で囲まれた部分の面積に等しい．

$$P(a \leqq X \leqq b)=\int_a^b f(x)dx$$

③　Xのとり得るすべての値の範囲が$\alpha \leqq X \leqq \beta$であるとき，

$$\int_{\alpha}^{\beta} f(x)dx = 1$$

連続型確率変数は，無数に多くの値をとるから，特定の値をとる確率は0と考える．したがって，次のようになる．

$$P(a < X < b) = P(a \leqq X < b) = P(a < X \leqq b) = P(a \leqq X \leqq b)$$

(1)　平均・分散・標準偏差

確率変数Xの平均$E(X)$と分散$V(X)$を次のように定めた．

$$E(X) = m = \sum_{k=1}^{n} x_k p_k$$

$$V(X) = \sum_{k=1}^{n} (x_k - m)^2 p_k$$

これらの式の和の記号Σを積分に置き換えると，連続型確率変数Xの平均$E(X)$と分散$V(X)$の式が得られる．ただし，Xのとり得る値の範囲を$\alpha \leqq X \leqq \beta$，確率密度関数を$f(X)$とする．

$$E(X) = m = \int_{\alpha}^{\beta} xf(x)dx$$

$$V(X) = \int_{\alpha}^{\beta} (x-m)^2 f(x)dx$$

また，Xの標準偏差$\sigma(X)$は，$\sigma(X) = \sqrt{V(X)}$となる

3.2　実学としての確率変数と確率分布

確率変数や確率分布，確率変数の期待値，分散の性質については，統計的方法の基礎というべき内容で，取りつきにくい印象をもたれるかもしれないが，実は重要な内容である．

単に数式を覚えるということではなく，これらの定義や性質が多くの統計的方法の元となっていることに注意してほしい．たとえば，後述する正規分布の標準化や統計量の分布など，すべて確率変数の期待値と分散の性質を用いて導かれていることがわかる．

表 3.13 に第 3 章における用語と記号の対照表を示す.

表 3.13　用語と記号の対照表

高校数学	実学	意味と注
平均 $E(X)$ 期待値ともいう.	期待値 $E(X)$ 平均 $E(X)$，母平均 μ ともいう.	確率変数 X の平均 $E(X)=\mu$ サンプルについては，平均値 $\bar{x}$ を求める. $\bar{x}=\frac{\sum_{i=1}^{n} x_i}{n}$ これを標本平均ともいう.
分散 $V(X)$	分散 $V(X)$ 母分散 σ^2	確率変数 X からその平均を引いた変数の 2 乗の期待値， $V(X)=E\{(X-\mu)^2\}=\sigma^2$ であり，母分散ということもある. ただし，この定義は母集団についてのものである. サンプルについては，平均値 $\bar{x}$ からの偏差の 2 乗の和を $(n-1)$（自由度）で割ったものであって， $V=\frac{\sum_{i=1}^{n}(x_i-\bar{x})^2}{n-1}$ と求める. これを不偏分散 V，標本分散 V ともいう.
標準偏差 $\sigma(X)$	標準偏差 $D(X)$， 母標準偏差 σ	分散の正の平方根 $\sqrt{V(X)}=D(X)=\sigma(X)=\sigma$ であり，母標準偏差ということもある. 分散の場合と同様に，こ

表 3.13　つづき

高校数学	実学	意味と注
		の定義は母集団のものである． サンプルについては，不偏分散の正の平方根として求める． $s=\sqrt{V}=\sqrt{\frac{\sum_{i=1}^{n}(x_i-\bar{x})^2}{n-1}}$ これを標本標準偏差 s ともいう．

3.2.1　確率変数と確率分布

(1)　確率変数と確率分布

母集団からサンプルをとるたびに，そのサンプルは異なり，値はばらつく．では，同じ母集団からとられたデータの一つひとつやその全体の様子には，何か性質や規則のようなものはないのだろうか．

統計では，これらを確率変数とその分布である確率分布とよぶ．確率変数とは，「とってみないとわからない，とるたびに異なる値のこと」，分布は，「ばらつきをもった集団の姿形」のことである．したがって確率分布は，「確率変数の集団としての性質や規則性を示すもの」ということになる．

(2)　連続型確率変数

質量，長さ，強度，時間などのように「はかる」量を計量値という．計量値はどこまでも細かく測定できるので，とり得る値が連続的であると考えられる．このような場合に用いられる確率変数を連続型確率変数といい，その分布を連続分布という．計量値の分布の代表的なものが正規分布である．

連続分布は確率密度関数$f(x)$を用いて表現され，以下のような性質がある．

①　$f(x) \geqq 0$

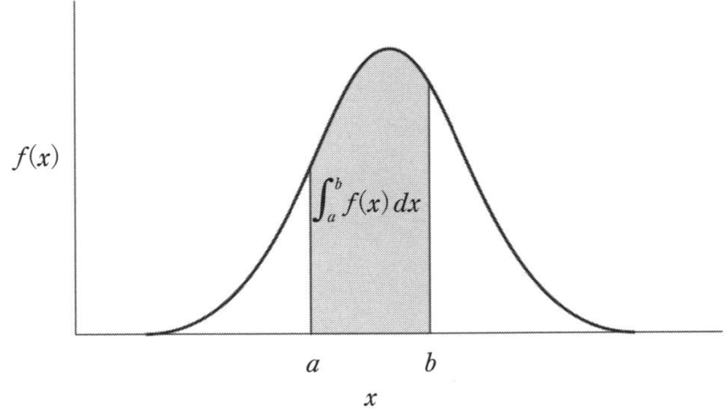

図 3.3　連続分布

確率は負の値をとらない.

② ある区間 $(a,\ b)$ にデータが入る確率を $Pr(a<x\leqq b)$ とすれば(**図 3.3**),

$$Pr\,(a<x\leqq b)=\int_a^b f(x)dx$$

確率密度関数を積分することにより確率変数 X が $a<x\leqq b$ となる確率を求める.

③ $\displaystyle\int_{-\infty}^{\infty} f(x)dx=1$

X のとり得る値の範囲の全体は，確率は 1 である.

(3)　離散型確率変数

不適合品数(不良個数)，不適合品率(不良率)，不適合数(欠点数)などのように「かぞえる」量を計数値という．計数値は計量値と異なり，離散的な値をとる．このような場合に用いられる確率変数を離散型確率変数といい，その分布を離散分布という．計数値の分布の代表的なものに二項分布，ポアソン分布がある.

離散分布は，確率関数 p_i を用いて表現され，以下のような性質がある.

① $p_i\geqq 0,\ i=1,\ 2,\ \cdots$

確率は負の値をとらない．

② 確率変数 X が，x_i となる確率を p_i とすれば，

$p_i = Pr(X = x_i)$，$i = 1$，2，…

③ $\sum_i p_i = 1$

X のとり得る値の範囲の全体での確率は１である．

3.2.2　期待値と分散

期待値と分散は，統計的手法で必ず用いられる基本的な概念であり，確率分布においてはその分布の特徴を示す．これらの量を求めておけば，分布のおおよその様子を表すことができる．確率分布の中心を示すものが期待値(平均) $E(X)$ であり，確率分布のばらつきを示すものが分散 $V(X)$ である．

(1)　期待値

確率変数の期待値は確率変数の平均値と解釈できる．一般に母平均とよび，μ で表す．

1)　連続型確率変数の場合

品質特性が計量値である連続型確率変数の場合の期待値(平均) $E(X)$ は以下のように求められる．

$$E(X) = \int_{-\infty}^{\infty} x f(x) dx = \mu$$

同様に，確率変数 X の関数 $g(X)$ の期待値も，

$$E\{g(X)\} = \int_{-\infty}^{\infty} g(x) f(x) dx$$

となる．

2)　離散型確率変数の場合

品質特性が計数値である離散型確率変数の場合の期待値(平均) $E(X)$ は以下のように求められる．

$$E(X) = \sum_{i=1} x_i p_i$$

同様に，確率変数 X の関数 $g(X)$ の期待値も，

$$E\{g(X)\}=\sum_{i=1} g(x_i)p_i$$

となる．

3）期待値の性質

期待値には下記の性質があり，極めて重要である．X，Y を確率変数，a，b を定数とすると，

$$E(aX+b)=aE(X)+b$$

$$E(aX+bY)=aE(X)+bE(Y)$$

が成立する．すなわち，

- 確率変数を定数倍したものの期待値は，元の期待値の定数倍になる．
- 確率変数に定数を加減したものの期待値は，元の期待値に定数を加減する．
- 確率変数の和（差）の期待値は，それぞれの期待値の和（差）になる．

となる．

(2) 分散

1）分散

分布のばらつきを表すものが分散である．ばらつきは期待値 μ からの偏差 $(X-\mu)$ を調べればよいが，$(X-\mu)$ の期待値は常に 0 になってしまうので，偏差を 2 乗したものの期待値を X の分散として $V(X)$ と表す．一般に確率変数の分散を母分散とよび，σ^2 で表す．

$$V(X)=E\{(X-\mu)^2\}=\sigma^2$$

また，

$$V(X)=E\{(X-\mu)^2\}=E(X^2)-\mu^2$$

と変形して分散の計算を行うことも多い．

2）標準偏差

分散は元のデータの単位の 2 乗となっているため，元の単位に戻すために平方根をとる．これを標準偏差といい，$D(X)$ で表す．確率変数の標準偏差を母標準偏差とよび，σ で表す．

$$D(X)=\sqrt{V(X)}=\sqrt{E\{(X-\mu)^2\}}=\sigma$$

3)　共分散

２つの確率変数の関係を表す量に共分散がある．共分散 $Cov(X, Y)$ は２つの確率変数 X，Y の偏差の積の期待値である．

$$Cov(X, Y)=E\{(X-\mu_X)(Y-\mu_Y)\}$$

また，

$$Cov(X, Y)=E(XY)-\mu_X\mu_Y$$

と変形して用いられることも多い．

共分散は，２つの確率変数が互いに独立ならば０になる．ここで，独立とは，互いに影響しないことである．

参考：独立とは

独立であるまたは独立ではないというのはどういう場合かを説明する．

A，B２種類の木工部材がある．この２つを組み合わせてＣの木工製品を作る工程がある（**図 3.4**）．

A，B はそれぞれの工程で製造され，別々の袋に入れられている．組合せ作業は人が行っており，それぞれの袋から A，B を取り出し組み合わせてＣとする．A，B の長さはばらつきをもっているとする．

- ベテラン作業者のＳさんは，A とＢの袋から，それぞれ短いものには長いものを，長いものには短いものを選び出して組み合わせている．
- 新人のＦさんは，A とＢの袋から，それぞれ何も考えずに取り出して組み合わせている．
- 少しあまのじゃくなＮさんは，A とＢの袋から，それぞれ短いものには短いものを，長いものには長いものを選び出して組み合わせている．

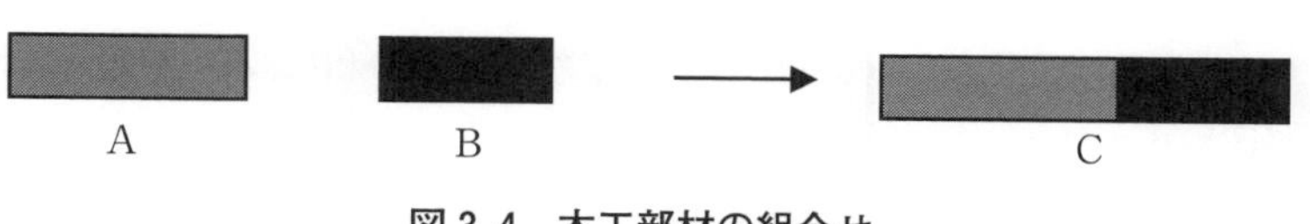

図 3.4　木工部材の組合せ

このとき3人の作ったCの長さのばらつきはどうなる？

正解は，Sさんのばらつきが最も小さく，Fさん，Nさんの順にばらつきが大きくなる．

Fさんのケースが独立と呼ばれる場合で，他の2人の場合は独立ではない．

SさんやNさんのように2つの確率変数間に関係がある場合，その強さを表す量を共分散という．共分散は分散と異なり正，負両方の値をとる．共分散は，Sさんの場合は負の値，Fさんは0，Nさんの場合は正の値となる

4)　分散の性質

分散には下記の性質がある．

X，Yを確率変数，a，bを定数とすると，

$$V(aX+b)=a^2V(X)$$

が成立する．すなわち分散は，期待値の場合と異なり，確率変数Xに定数を加えても変わらない．また，分散は元の単位の2乗の単位となっているので，倍率が2乗で効いてくることに注意する．

さらに，確率変数の和の分散は，

$$V(aX+bY)=a^2V(X)+b^2V(Y)+2abCov(X,Y)$$

となる．とくにXとYが互いに独立であれば，$Cov(X,Y)=0$なので，

$$V(aX+bY)=a^2V(X)+b^2V(Y)$$

となる．この式から，分散はX，Yが互いに独立な確率変数の場合には，

$$V(X+Y)=V(X)+V(Y)$$

$$V(X-Y)=V(X)+V(Y)$$

が成り立つ．

確率変数の和の分散はそれぞれの確率変数の分散の和に，確率変数の差の分散もそれぞれの確率変数の分散の和になるのである．これを**分散の加法性**といい極めて重要な性質である．X，Yが互いに独立でない場合は，

$$V(X+Y)=V(X)+V(Y)+2Cov(X,Y)$$
$$V(X-Y)=V(X)+V(Y)-2Cov(X,Y)$$

となり，共分散 $Cov(X,Y)$ の項があるため，分散の加法性は成りたたない．

共分散は正，負いずれの場合もあるので，互いに独立な場合に比べて，確率変数の和の分散は大きくなることも小さくなることもある．

分散の性質をまとめると，

- 確率変数を定数倍したものの分散は，元の分散に定数の2乗をかける．
- 確率変数に定数を加減したものの分散は，元の分散と変わらない．
- 独立な確率変数の和(差)の分散は，それぞれの分散の和(常に和)になる．

となる．

3.3　本章の例題

本章の例題

【例題 3.1】

表 3.14 に示すようなくじがある．賞金の期待値(平均)，分散，標準偏差を求めよ．

表 3.14　くじの当選確率と賞金(賞金の単位：省略)

	1等	2等	3等	はずれ
当選確率 p_i	0.001	0.020	0.040	残りすべて
賞金 x_i	10000	100	50	0

【解答】

1)　期待値

確率変数 X が $X=x_i$ となる確率を p_i とすると，X の期待値(平均)$E(X)$ (μ)

は，

$$E(X)=\mu=\sum_{i=1} x_i p_i$$

賞金の期待値は，

$$E(X)=\sum_{i=1} x_i p_i=10000\times 0.001+100\times 0.020+50\times 0.040$$
$$+0\times(1-0.001-0.020-0.040)$$
$$=14$$

となる．

2) 分散と標準偏差

X の分散V (X)は，

$$V(X)=E\{(X-\mu)^2\}\quad ただし，\mu=E(X)$$

と求められるので，賞金の分散は，

$$V(X)=\sum_{i=1}(x_i-\mu)^2 p_i=(10000-14)^2\times 0.001+(100-14)^2\times 0.020+(50-14)^2\times 0.040$$
$$+(0-14)^2\times(1-0.001-0.020-0.040)=100104=316.4^2$$

となる．

また，$V(X)$は，$V(X)=E\{(X-\mu)^2\}=E(X^2)-\mu^2$ と展開できるので，

$$V(X)=\sum_{i=1} x_i^2 p_i-\mu^2=10000^2\times 0.001+100^2\times 0.020+50^2\times 0.040$$
$$+0^2\times(1-0.001-0.020-0.040)-14^2=100104=316.4^2$$

と求めることもできる．

X の標準偏差 $D(X)$は，

$$D(X)=\sqrt{V(X)}$$

と求められるので，賞金の標準偏差は，

$$D(X)=\sqrt{V(X)}=\sqrt{100104}=316.4$$

となる．

【例題 3.2】

A，B の部品を別々に製造し，これらを組み合わせて製品をつくる工程がある．**図 3.5** に示す 3 種類の製品について各部分の寸法の分散を求めよ．なお，部品 A の長さ X の分布は期待値 30，分散 2^2，部品 B の長さ Y の分布は期待

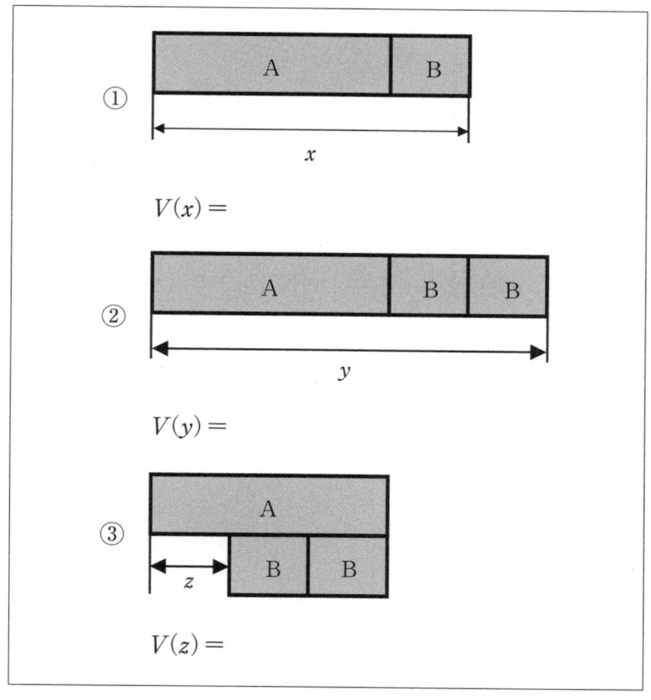

図 3.5　例題 3.2

値 10，分散 1^2で，互いに独立であることがわかっている．

【解答】

① $V(x)=V(X+Y)=V(X)+V(Y)$

となるので，

$$V(x)=2^2+1^2=4+1=5$$

と求まる．

② y は A を 1 個と B を 2 個組み合わせているが，B の 2 個の長さをそれぞれ Y_1，Y_2とすると，Y_1と Y_2は互いに独立と考えられる．したがって，

$$V(y)=V(X+Y_1+Y_2)=V(X)+V(Y_1)+V(Y_2)$$

となるので,

$$V(y) = 2^2 + 1^2 + 1^2 = 4 + 1 + 1 = 6$$

と求まる．なお，Yを２倍しているわけではないので，

$$V(y) = V(X + 2Y) = V(X) + 2^2 V(Y)$$

とならないことに注意すること．

③　zも②と同様に考えると，

$$V(z) = V(X - Y_1 - Y_2) = V(X) + V(Y_1) + V(Y_2)$$

となるので,

$$V(z) = 2^2 + 1^2 + 1^2 = 4 + 1 + 1 = 6$$

と求まる．

第4章

正規分布と二項分布

4.1 高校数学での正規分布と二項分布

母集団の分布である正規分布と二項分布について学ぶ.

4.1.1 正規分布

(1) 正規分布

規格に従って製造される製品の長さや質量のばらつき，ある年齢の男子の身長などについて，多数のデータを調べると，その値の分布が左右対称の山型の曲線であると考えられることが多い.

この曲線は，次の関数のグラフである.

$$f(x)=\frac{1}{\sqrt{2\pi}\,\sigma}e^{-\frac{(x-m)^2}{2\sigma^2}} \tag{4.1}$$

ここで，π は円周率であり，e は無理数の定数(自然対数の値)で，その値は $2.7182\cdots$ である．m，σ ($\sigma>0$) は分布に応じて定まる定数である.

一般に，連続型確率変数 X の確率密度関数 $f(X)$ が式(4.1)で表されるとき，X は**正規分布 $N(m,\sigma^2)$ に従う**といい，$y=f(X)$ のグラフを**正規分布曲線**という.
正規分布について，次のことが知られている.

正規分布の平均・標準偏差：

確率変数 X が正規分布 $N(m,\sigma^2)$ に従うとき，

$$E(X)=m$$

$$\sigma(X)=\sigma$$

図 4.1 に正規分布曲線の例を示す.

正規分布曲線には，次のような特徴がある.

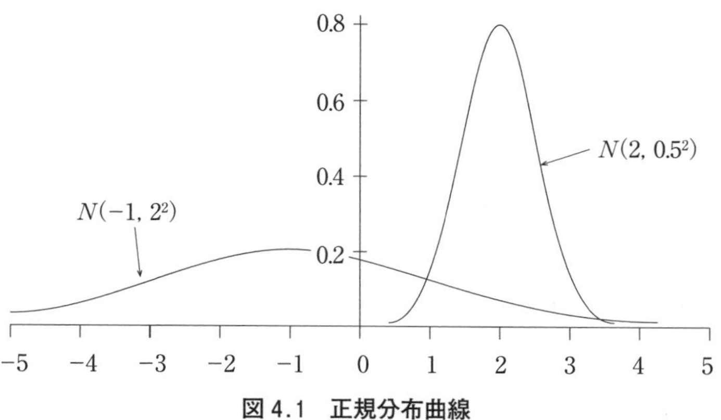

図 4.1　正規分布曲線

① 直線 $X=m$ に関して，左右対称な山型の曲線である．
② 標準偏差 σ が大きくなるほど山が低くなって横に広がる．
③ x 軸が漸近線である．

(2)　標準正規分布

平均 0，標準偏差 1 の正規分布 $N(0,1)$ を標準正規分布という．

確率変数 Z が標準正規分布 $N(0,1)$ に従うとき，Z が 0 と z_0 の間の値をとる確率 $P(0 \leqq Z \leqq z_0)$ の値は，**図 4.2** のアミカケの部分の面積であり，その値は，正規分布表から知ることができる．

平均 m，標準偏差 σ の確率変数 X に対して，

$$Z=\frac{X-m}{\sigma}$$

とおくと，Z は確率変数になり，Z の平均は 0，標準偏差は 1 になることが知られている．この Z を，X を**標準化した確率変数**という．

一般に，次のことが成り立つ．

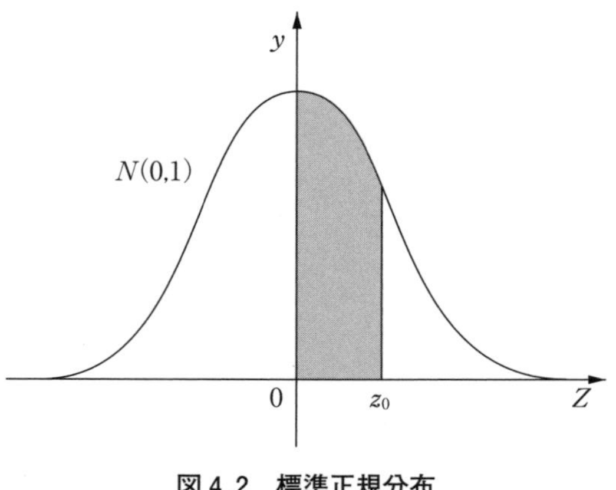

図 4.2　標準正規分布

確率変数の標準化：

> 確率変数 X が正規分布 $N(m, \sigma^2)$ に従うとき，
>
> $$Z = \frac{X - m}{\sigma}$$
>
> とおくと，確率変数 Z は標準正規分布 $N(0, 1)$ に従う．

確率変数 X が正規分布に従うとき，**図 4.3** の正規分布表を利用して，X がある範囲の値をとる確率を求めることができる．

4.1.2　二項分布

(1)　二項分布

反復試行を行うとき，ある事象が起こる回数 X の確率分布を調べてみる．

一般に，1 回の試行で事象 A の起こる確率が p であるとき，その余事象の起こる確率を $q=1-p$ とする．この独立な試行を n 回繰り返すとき，事象 A の起こる回数を X とすると，$X=r$ である確率は次のようになる．

> ${}_nC_r p^r q^{n-r}$　($r=0$, 1, 2, …, n)

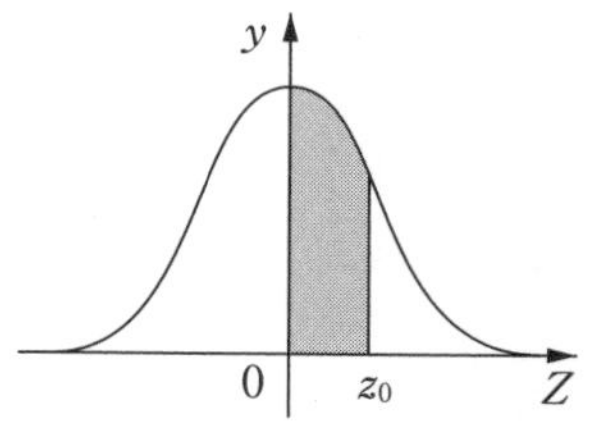

z_0	0	1	2	3	4	5	6	7	8	9
0.0	.0000	.0040	.0080	.0120	.0160	.0199	.0239	.0279	.0319	.0359
0.1	.0398	.0438	.0478	.0517	.0557	.0596	.0636	.0675	.0714	.0753
0.2	.0793	.0832	.0871	.0910	.0948	.0987	.1026	.1064	.1103	.1141
0.3	.1179	.1217	.1255	.1293	.1331	.1368	.1406	.1443	.1480	.1517
0.4	.1554	.1591	.1628	.1664	.1700	.1736	.1772	.1808	.1844	.1879
0.5	.1915	.1950	.1985	.2019	.2054	.2088	.2123	.2157	.2190	.2224
0.6	.2257	.2291	.2324	.2357	.2389	.2422	.2454	.2486	.2517	.2549
0.7	.2580	.2611	.2642	.2673	.2704	.2734	.2764	.2794	.2823	.2852
0.8	.2881	.2910	.2939	.2967	.2995	.3023	.3051	.3078	.3106	.3133
0.9	.3159	.3186	.3212	.3238	.3264	.3289	.3315	.3340	.3365	.3389
1.0	.3413	.3438	.3461	.3485	.3508	.3531	.3554	.3577	.3599	.3621
1.1	.3643	.3665	.3686	.3708	.3729	.3749	.3770	.3790	.3810	.3830
1.2	.3849	.3869	.3888	.3907	.3925	.3944	.3962	.3980	.3997	.4015
1.3	.4032	.4049	.4066	.4082	.4099	.4115	.4131	.4147	.4162	.4177
1.4	.4192	.4207	.4222	.4236	.4251	.4265	.4279	.4292	.4306	.4319
1.5	.4332	.4345	.4357	.4370	.4382	.4394	.4406	.4418	.4429	.4441
1.6	.4452	.4463	.4474	.4484	.4495	.4505	.4515	.4525	.4535	.4545
1.7	.4554	.4564	.4573	.4582	.4591	.4599	.4608	.4616	.4625	.4633
1.8	.4641	.4649	.4656	.4664	.4671	.4678	.4686	.4693	.4699	.4706
1.9	.4713	.4719	.4726	.4732	.4738	.4744	.4750	.4756	.4761	.4767
2.0	.4772	.4778	.4783	.4788	.4793	.4798	.4803	.4808	.4812	.4817
2.1	.4821	.4826	.4830	.4834	.4838	.4842	.4846	.4850	.4854	.4857
2.2	.4861	.4864	.4868	.4871	.4875	.4878	.4881	.4884	.4887	.4890
2.3	.4893	.4896	.4898	.4901	.4904	.4906	.4909	.4911	.4913	.4916
2.4	.4918	.4920	.4922	.4925	.4927	.4929	.4931	.4932	.4934	.4936
2.5	.4938	.4940	.4941	.4943	.4945	.4946	.4948	.4949	.4951	.4952
2.6	.4953	.4955	.4956	.4957	.4959	.4960	.4961	.4962	.4963	.4964
2.7	.4965	.4966	.4967	.4968	.4969	.4970	.4971	.4972	.4973	.4974
2.8	.4974	.4975	.4976	.4977	.4977	.4978	.4979	.4979	.4980	.4981
2.9	.4981	.4982	.4982	.4983	.4984	.4984	.4985	.4985	.4986	.4986
3.0	.4987	.4987	.4987	.4988	.4988	.4989	.4989	.4989	.4990	.4990
3.1	.4990	.4991	.4991	.4991	.4992	.4992	.4992	.4992	.4993	.4993
3.2	.4993	.4993	.4994	.4994	.4994	.4994	.4994	.4995	.4995	.4995
3.3	.4995	.4995	.4995	.4996	.4996	.4996	.4996	.4996	.4996	.4997
3.4	.4997	.4997	.4997	.4997	.4997	.4997	.4997	.4997	.4997	.4998
3.5	.4998	.4998	.4998	.4998	.4998	.4998	.4998	.4998	.4998	.4998

出典）　小山正孝他：『新編数学 B』，第一学習社，2023 年

図 4.3　正規分布表

表 4.1　X の確率分布

X	0	1	…	r	…	n	計
P	${}_nC_0q^n$	${}_nC_1pq^{n-1}$	…	${}_nC_rp^rq^{n-r}$	…	${}_nC_np^n$	1

したがって，X の確率分布は次の**表 4.1** のようになる．

このような確率分布を**二項分布**といい，$B(n,p)$ で表す．また，このとき，確率変数 X は**二項分布 $B(n,p)$ に従う**という．

(2)　二項分布の平均・分散・標準偏差

二項分布 $B(n,p)$ に従う確率変数 X の平均，分散，標準偏差を求めてみよう．

1 回の試行で事象 A が起こる確率が p である試行を n 回繰り返す．1 回目の試行で A が起これば 1，起こらなければ 0 の値をとる確率変数を X_1 と定め，2 回目，3 回目，…，n 回目の試行についても確率変数 X_1，X_2，X_3，X_n を同様に定める．このとき，

$$X=X_1+X_2+X_3+\cdots+X_n$$

とすると，X は n 回の試行で A が起こる回数を表す確率変数である．したがって，X は二項分布 $B(n,p)$ に従う．ここで，$q=1-p$ とおくと，$X_i(i=1, 2, 3, \cdots, n)$ の確率分布は，**表 4.2** のようになる．

それぞれの確率変数 X_i に対して，

$$E(X_i)=0\cdot q+1\cdot p=p$$
$$E(X_i{}^2)=0^2\cdot q+1^2\cdot p=p$$

平均は，

$$E(X)=E(X_1+X_2+X_3+\cdots+X_n)$$
$$=E(X_1)+E(X_2)+E(X_3)+\cdots+E(X_n)=np$$

また，

$$V(X_i)=E(X_i{}^2)-\{E(X_i)\}^2=p-p^2=p(1-p)=pq$$

X_1，X_2，X_3，…，X_n は独立であるから，分散は，

表 4.2　X_i の確率分布

X_i	0	1	計
P	q	p	1

$$V(X)=V(X_1+X_2+X_3+\cdots+X_n)$$
$$=V(X_1)+V(X_2)+V(X_3)+\cdots+V(X_n)=npq$$

標準偏差は，

$$\sigma(X)=\sqrt{npq}$$

二項分布の平均・分散・標準偏差：

> 確率変数 X が二項分布 $B(n,p)$ に従うとき，
> $E(X)=np$,　$V(X)=npq$,　$\sigma(X)=\sqrt{npq}$
> ただし，$q=1-p$

きわめて多数のものの中から比較的少数の n 個のものを取り出す試行は，各回独立して1個ずつ取り出す試行を n 回繰り返す反復試行と考えられる．

(3)　二項分布の正規分布による近似

確率変数 X が二項分布 $B(n,p)$ に従うとき，X の確率分布は，

$$P(X=k)={}_nC_k p^k(1-p)^{n-k}\quad (k=0,\ 1,\ 2,\ \cdots,\ n)$$

で表され，X の平均 $E(X)$，分散 $V(X)$，標準偏差 $\sigma(X)$ は次のようになる．

$$E(X)=np,\quad V(X)=np(1-p),\quad \sigma(X)=\sqrt{np(1-p)}$$

二項分布 $B(n,p)$ は n の値が大きくなると，どのように変化するかを調べてみる．

p を固定して n の値を大きくしていくと，グラフはしだいに左右対称な山型の曲線に近づいていく(**図 4.4**)．

一般に，二項分布 $B(n,p)$ に従う確率変数 X は，n が大きいとき，正規分布 $N(np, np(1-p))$ で近似される．

さらに，確率変数を標準化すると，次のことが成り立つ．

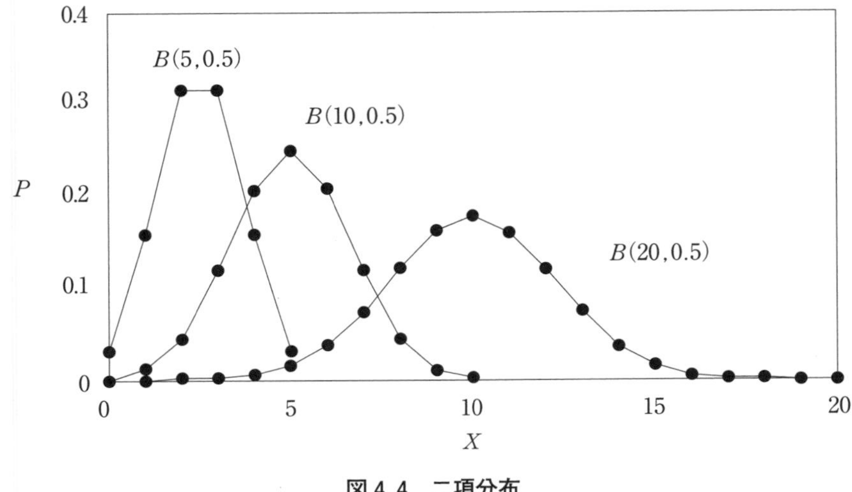

図 4.4　二項分布

二項分布の平均・分散・標準偏差：

確率変数 X が二項分布 $B(n,p)$ に従うとき，

$$Z=\frac{X-np}{\sqrt{np(1-p)}}$$

とすると，n が十分に大きいならば，確率変数 Z は近似的に標準正規分布 $N(0,1)$ に従う．

4.2　実学としての正規分布と二項分布

母集団の分布を学ぶ．まず，計量値の代表的な分布である正規分布の性質について学ぶ．正規分布を標準化することによって任意の正規分布についてその確率を求めることができることを理解し，さまざまな正規分布の値とその確率から統計的な推測が可能であることを理解する．さらに計数値の分布である二項分布の性質について学び，二項分布を正規分布に近似できることを理解する．

表 **4.3** に第 4 章の用語と記号の対照表を示す．

表 4.3　用語と記号の対照表

高校数学	実学	意味と注
母平均 m	母平均 μ	母分散 σ^2 と母標準偏差 σ は同じ
正規分布の標準化の式 $Z=\dfrac{X-m}{\sigma}$	正規分布の標準化の式 $u=\dfrac{x-\mu}{\sigma}$	$U=\dfrac{X-\mu}{\sigma}$ を使うこともある
標準正規分布 $N(0,1)$	標準正規分布 $N(0,1^2)$	正規分布を表す一般式 $N(\mu,\sigma^2)$ に合わせている
正規分布表 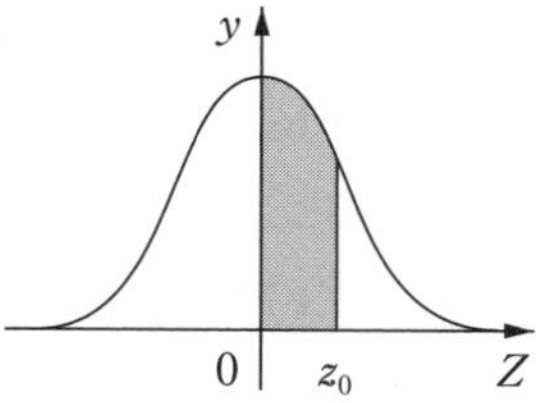 Z が 0 と z_0 の間の値をとる確率 $P(0 \leqq Z \leqq z_0)$ の値を示す	正規分布表 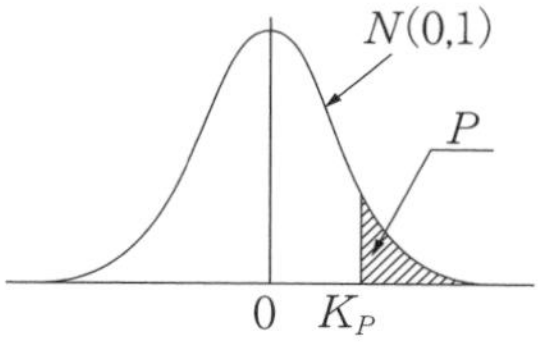 u が K_P 以上となる確率 $P=Pr(u \geqq K_P)$ と K_P の関係を示す．「K_P から P を求める表」，「P から K_P を求める表」などがある．	どちらの表を用いても求めた確率の値は同じとなる
＊＊の事象が起こる 確率を表す式 $P(＊＊)$	＊＊の事象が起こる 確率を表す式 $Pr(＊＊)$	
二項分布において，ある事象が起こる確率 p	二項分布において，ある事象が起こる確率を不適合品率とすると 母不適合品率 P	ここでも母数と統計量を区別する． 母集団の不適合品率である母不適合品率 P とサンプルの不適合品率 p を区別する．

4.2.1　正規分布

(1)　正規分布とは

工程で製造する製品の特性である寸法や重量など，はかることのできる数値(**計量値**といい連続した値である)は，中心付近の値が多く，中心から上のほうでも，下のほうでも少なくなっていく様子を示すことが知られている．横軸に寸法などをとり，縦軸に数(度数)をとると，中心がもっとも高く，左右とも中心から離れるほど低くなっていく富士山のような形になる(ヒストグラムで学んだ一般形という形である)．このような分布の形を**正規分布**といい，計量値の分布として最も重要である(**図 4.5**)．

正規分布の確率密度関数 $f(x)$ は以下のようになり，定数 μ (ミュー：母平均)と σ (シグマ：母標準偏差)によって分布の形が定まることがわかる．

$$f(x)=\frac{1}{\sqrt{2\pi}\sigma}e^{-\frac{(x-\mu)^2}{2\sigma^2}}$$

注：式中の π は円周率，e は自然対数の底であり，いずれも無理数の定数である．

正規分布は $N(\mu,\sigma^2)$ と表現される．すなわち分布の中心が母平均 μ で，分布のばらつき(広がり)が母標準偏差 σ (母分散 σ^2)と考えればよい．正規分布を含むすべての分布には以下の性質がある．

- どんな値でもその値が現れる確率は**0 以上**である．

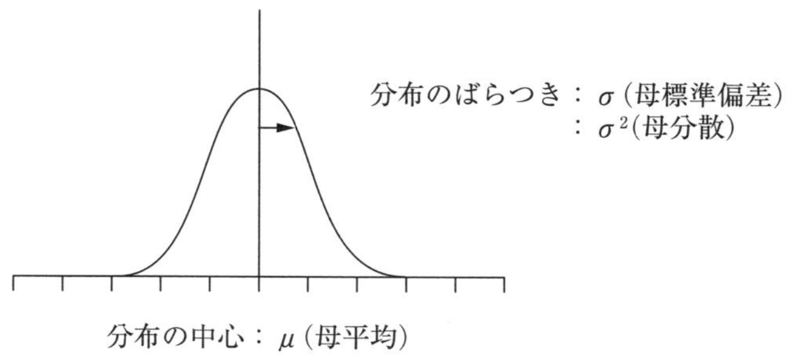

図 4.5　正規分布の中心とばらつき

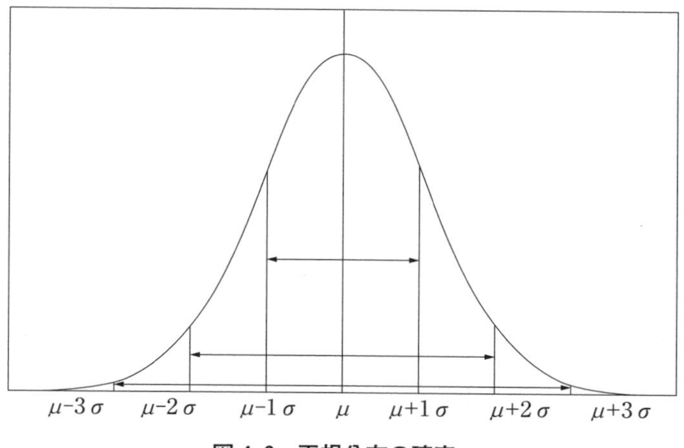

図 4.6　正規分布の確率

- 取りうる値の範囲の全体の確率は **1(100%)** である．
- ある値からある値までの範囲に入る確率は全体を 1(100%) としたときの面積の割合で示される．正規分布では中心付近にデータが集まり，中心から離れるほど左右ともデータが少なくなっていく．中心 μ から $\pm 1\sigma$，$\pm 2\sigma$，$\pm 3\sigma$ 離れた範囲にデータが入る確率を求めると，**図 4.6** のようになる．

$\mu \pm 1\sigma$ の範囲に入る確率→ 68.3%
$\mu \pm 2\sigma$ の範囲に入る確率→ 95.4%
$\mu \pm 3\sigma$ の範囲に入る確率→ 99.7%

4.2.2　標準正規分布・正規分布表の見方

(1)　標準正規分布

確率変数 x が $N(\mu, \sigma^2)$ に従うとき，以下のように x を確率変数 u に変換すると，

$$u = \frac{x - 母平均}{母標準偏差} = \frac{x - \mu}{\sigma}$$

確率変数 u は母平均 0，母標準偏差 1 の正規分布に従う．この x を u に変換することを**標準化**(規準化)という．これは母平均 μ を原点 0 とおき，母標準偏差 σ 単位で目盛りをふる操作をしていると考えればよい．

正規分布は μ と σ の組合せによって分布が無数にあるが，標準化を行うことによって，すべての正規分布は，μ，σ に無関係な正規分布に変換される．

この正規分布を**標準正規分布**といい，$N(0,1^2)$で表す(**図 4.7**)．

標準化については，期待値と分散の性質を用いて下記のように説明できる．

確率変数 x の期待値は $E(x)=\mu$，分散は $V(x)=\sigma^2$ なので，u の式を，

$$u = \frac{x-\mu}{\sigma} = \frac{1}{\sigma}x - \frac{\mu}{\sigma}$$

と変形すると，確率変数 u の期待値と分散は，

$$E(u) = \frac{1}{\sigma}E(x) - \frac{\mu}{\sigma} = \frac{\mu}{\sigma} - \frac{\mu}{\sigma} = 0$$

$$V(u) = \frac{1}{\sigma^2}V(u) = \frac{\sigma^2}{\sigma^2} = 1^2$$

となる．

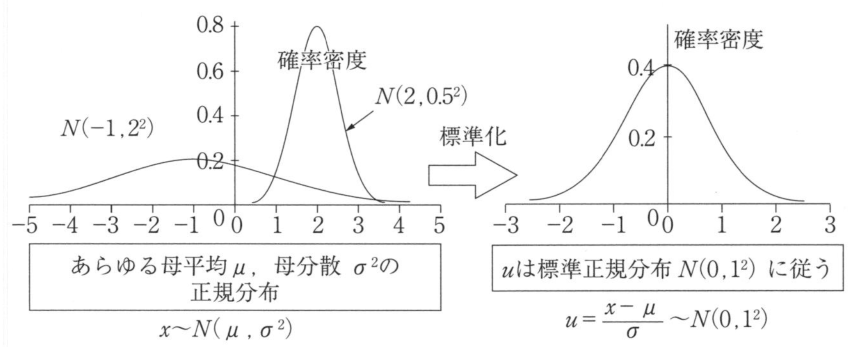

図 4.7　標準正規分布

(2)　正規分布表

標準正規分布において，標準化された確率変数 u がある値以上となる確率(上側確率)が P である値を K_P として，K_P と P の関係を表にしたものが正規分布表(Ⅰ)，(Ⅱ)(**付表1**)である．これらの表を用いて任意の正規分布について確率を求めることができる．

正規分布表には，(「K_P から P を求める表」，「P から K_P を求める表」などがある．いずれも $K_P \geqq 0$ の範囲しか記載がないが，標準正規分布は $u=0$ に対して左右対称なので，下側確率(確率変数がある値以下となる確率)P に対応する値は $-K_P$ と求める．

【正規分布表(Ⅰ)　K_P から P を求める表】

表の左の見出しは，K_P の値の小数点以下1桁目までの数値を表し，表の上の見出しは，小数点以下2桁目の数値を表す．表中の値は P の値を表す．例えば，$K_P=1.96$ に対応する P の値は，表の左の見出しの 1.9* と，表の上の見出しの6が交差するところの値「.0250」を読み，$P=0.0250$ と求める(**図4.8**)．

【正規分布表(Ⅱ)　P から K_P を求める表】

表の左の見出しは，P の値の小数点以下1桁目または2桁目までの数値を表し，表の上の見出しは，小数点以下2桁目または3桁目の数値を表す．表中の値は K_P の値を表す．例えば，$P=0.05$ に対応する K_P は，表の左の見出しの 0.0* と，表の上の見出しの5が交差するところの値 1.645 を読み，$K_P=1.645$ と求める(**図4.9**)．

この表では，$P=0.025$ の値を読むことはできないので，正規分布表(Ⅰ)を用いて，正規分布表(Ⅰ)で示した逆の手順により，$P=0.0250$ に対応する K_P の値を，$K_P=1.96$ と求める．

ここで述べた K_P と P の関係を図に表すと**図4.10**のようになる．

標準正規分布は $u=0$ に対して左右対称なので，下側確率(確率変数がある値以下となる確率)P に対応する値は $-K_P$ と求めることに注意する．すなわち，$-K_P$ 以下の確率は P となる．

（Ⅰ） K_P から P を求める表

上の見出し

左の見出し

K_P	*＝0	1	2	3	4	5	6	7	8	9
0.0*	.5000	.4960	.4920	.4880	.4840	.4801	.4761	.4721	.4681	.4641
0.1*	.4602	.4562	.4522	.4483	.4443	.4404	.4364	.4325	.4286	.4247
0.2*	.4207	.4168	.4129	.4090	.4052	.4013	.3974	.3936	.3897	.3859
0.3*	.3821	.3783	.3745	.3707	.3669	.3632	.3594	.3557	.3520	.3483
0.4*	.3446	.3409	.3372	.3336	.3300	.3264	.3228	.3192	.3156	.3121
0.5*	.3085	.3050	.3015	.2981	.2946	.2912	.2877	.2843	.2810	.2776
0.6*	.2743	.2709	.2676	.2643	.2611	.2578	.2546	.2514	.2483	.2451
0.7*	.2420	.2389	.2358	.2327	.2296	.2266	.2236	.2206	.2177	.2148
0.8*	.2119	.2090	.2061	.2033	.2005	.1977	.1949	.1922	.1894	.1867
0.9*	.1841	.1814	.1788	.1762	.1736	.1711	.1685	.1660	.1635	.1611
1.0*	.1587	.1562	.1539	.1515	.1492	.1469	.1446	.1423	.1401	.1379
1.1*	.1357	.1335	.1314	.1292	.1271	.1251	.1230	.1210	.1190	.1170
1.2*	.1151	.1131	.1112	.1093	.1075	.1056	.1038	.1020	.1003	.0985
1.3*	.0968	.0951	.0934	.0918	.0901	.0885	.0869	.0853	.0838	.0823
1.4*	.0808	.0793	.0778	.0764	.0749	.0735	.0721	.0708	.0694	.0681
1.5*	.0668	.0655	.0643	.0630	.0618	.0606	.0594	.0582	.0571	.0559
1.6*	.0548	.0537	.0526	.0516	.0505	.0495	.0485	.0475	.0465	.0455
1.7*	.0446	.0436	.0427	.0418	.0409	.0401	.0392	.0384	.0375	.0367
1.8*	.0359	.0351	.0344	.0336	.0329	.0322	.0314	.0307	.0301	.0294
1.9*	.0287	.0281	.0274	.0268	.0262	.0256	.0250	.0244	.0239	.0233
2.0*	.0228	.0222	.0217	.0212	.0207	.0202	.0197	.0192	.0188	.0183
2.1*	.0179	.0174	.0170	.0166	.0162	.0158	.0154	.0150	.0146	.0143
2.2*	.0139	.0136	.0132	.0129	.0125	.0122	.0119	.0116	.0113	.0110
2.3*	.0107	.0104	.0102	.0099	.0096	.0094	.0091	.0089	.0087	.0084
2.4*	.0082	.0080	.0078	.0075	.0073	.0071	.0069	.0068	.0066	.0064
2.5*	.0062	.0060	.0059	.0057	.0055	.0054	.0052	.0051	.0049	.0048
2.6*	.0047	.0045	.0044	.0043	.0041	.0040	.0039	.0038	.0037	.0036
2.7*	.0035	.0034	.0033	.0032	.0031	.0030	.0029	.0028	.0027	.0026
2.8*	.0026	.0025	.0024	.0023	.0023	.0022	.0021	.0021	.0020	.0019
2.9*	.0019	.0018	.0018	.0017	.0016	.0016	.0015	.0015	.0014	.0014
3.0*	.0013	.0013	.0013	.0012	.0012	.0011	.0011	.0011	.0010	.0010
3.5	.2326E-3									
4.0	.3167E-4									
4.5	.3398E-5									
5.0	.2867E-6									
5.5	.1899E-7									

出典） 森口繁一，日科技連数値表委員会編：『新編　日科技連数値表―第 2 版―』，日科技連出版社，2009 年に筆者追記.

図 4.8　正規分布表（Ⅰ）にて K_P から P を求める方法

（Ⅱ） P から K_P を求める表

上の見出し

左の見出し

P	*＝0	1	2	3	4	5	6	7	8	9
0.00*	∞	3.090	2.878	2.748	2.652	2.576	2.512	2.457	2.409	2.366
0.0*	∞	2.326	2.054	1.881	1.751	1.645	1.555	1.476	1.405	1.341
0.1*	1.282	1.227	1.175	1.126	1.080	1.036	.994	.954	.915	.878
0.2*	.842	.806	.772	.739	.706	.674	.643	.613	.583	.553
0.3*	.524	.496	.468	.440	.412	.385	.358	.332	.305	.279
0.4*	.253	.228	.202	.176	.151	.126	.100	.075	.050	.025

出典） 森口繁一，日科技連数値表委員会編：『新編　日科技連数値表―第 2 版―』，日科技連出版社，2009 年に筆者追記.

図 4.9　正規分布表（Ⅱ）にて P から K_P を求める方法

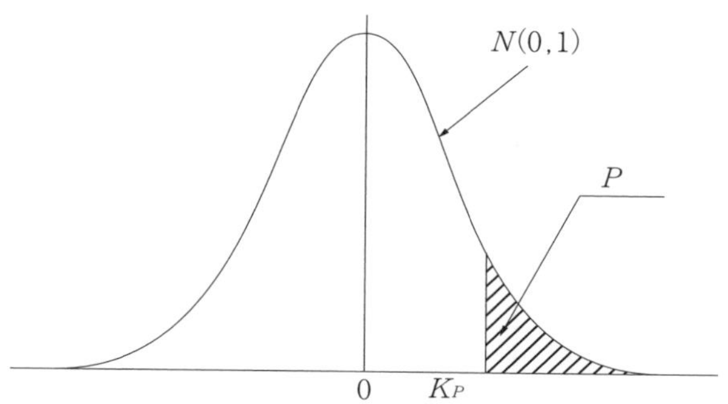

図 4.10　標準正規分布の確率

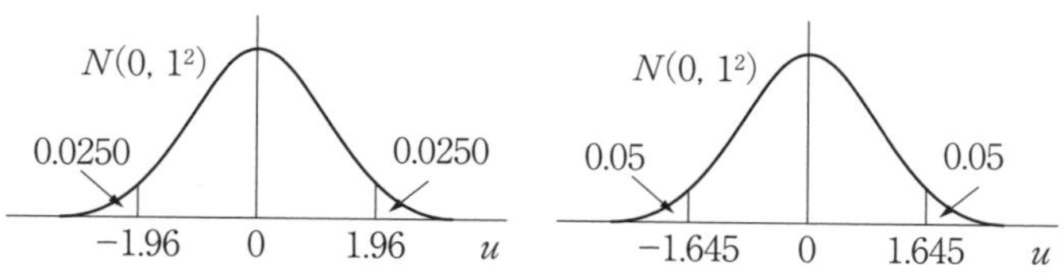

図 4.11　正規分布の確率

(3)　正規分布の確率

正規分布表を使うと，あらゆる正規分布の値と確率の関係を自由に求めることができる(**図 4.11**).

1)　正規分布に従う変数 x から確率 P を求める方法

正規分布 $N(\mu,\ \sigma^2)$ に従う変数 x から上側確率(変数が x 以上である確率)を求める.

① 標準化の式 $u=\dfrac{x-\mu}{\sigma}$ によって x を標準正規分布 u に変換する.

② $K_P=u$ として，正規分布表(Ⅰ)を用いて K_P から P を求める.

2)　正規分布に従う確率 P から変数 x を求める方法

① 確率 P から正規分布表(Ⅱ)を用いて $K_P=u$ を求める.

② $u=\dfrac{x-\mu}{\sigma}$ によってもとの正規分布に戻す.

4.2.3　二項分布

(1)　二項分布とは

計量値のデータの多くは，正規分布に従うことをすでに学んだ．一方，不連続な値をとる計数値のデータは一般に正規分布とは異なる分布を示す．その代表的な分布が二項分布である．小さな同じ形で同じ大きさの白い石と黒い石が正確に半分ずつ，よく混ざった状態で入っている大きな箱があるとする．この箱から目をつぶって 10 個の石を抜き取ったとき，その中の白い石の数はどうなるだろうか？　複数回行うとそのたびに違う数になりそうである．しかし，0 から 10 個のうちのどれかの値をとるはずだが，0 個や 10 個になることはめったになさそうだし，5 個前後が多そうである．このような場合の白い石の数の確率分布が二項分布である．

一般に，製造工程で発生する不適合品数は二項分布に従う．母不適合品率 P の工程からサンプルを n 個ランダムに抜き取ったとき，サンプル中に不適合品が x 個ある確率 P_x は，以下の式で求めることができる．

$$P_x = {}_nC_xP^x(1-P)^{n-x} = \frac{n!}{x!(n-x)!}P^x(1-P)^{n-x}$$

ここで，

$${}_nC_x = \frac{n!}{x!(n-x)!}$$　（n 個から x 個選ぶ場合の数）

$n! = n\times(n-1)\times\cdots\times3\times2\times1$　（n の階乗）

$0! = 1$　（0 の階乗は 1）

$x^0 = 1$　（0 乗は 1）

となる．二項分布は，母平均 nP と母分散 $nP(1-P)$ の確率分布である．

すなわち，二項分布は母不適合品率 P が決まれば 1 つに決まる．

また，母数 P は不適合品率や不良率に限定されない．内閣支持率やスポーツの勝率など，二値に分類できるものなら何でもよい．

先の石の例を用いて，10 個中白い石が 0 から 10 までの確率を計算する．

$$P_0=\frac{10!}{0!(10-0)!}0.5^0(1-0.5)^{10-0}=1\times0.5^{10}=0.00098$$

$$P_1=\frac{10!}{1!(10-1)!}0.5^1(1-0.5)^{10-1}=10\times0.5^{10}=0.00977$$

$$P_2=\frac{10!}{2!(10-2)!}0.5^2(1-0.5)^{10-2}=45\times0.5^{10}=0.04395$$

$$P_3=\frac{10!}{3!(10-3)!}0.5^3(1-0.5)^{10-3}=120\times0.5^{10}=0.11719$$

$$P_4=\frac{10!}{4!(10-4)!}0.5^4(1-0.5)^{10-4}=210\times0.5^{10}=0.20508$$

$$P_5=\frac{10!}{5!(10-5)!}0.5^5(1-0.5)^{10-5}=252\times0.5^{10}=0.24609$$

$$P_6=\frac{10!}{6!(10-6)!}0.5^6(1-0.5)^{10-6}=210\times0.5^{10}=0.20508$$

$$P_7=\frac{10!}{7!(10-7)!}0.5^7(1-0.5)^{10-7}=120\times0.5^{10}=0.11719$$

$$P_8=\frac{10!}{8!(10-8)!}0.5^8(1-0.5)^{10-8}=45\times0.5^{10}=0.04395$$

$$P_9=\frac{10!}{9!(10-9)!}0.5^9(1-0.5)^{10-9}=10\times0.5^{10}=0.00977$$

$$P_{10}=\frac{10!}{10!(10-10)!}0.5^{10}(1-0.5)^{10-10}=1\times0.5^{10}=0.00098$$

となり，

$$P_0+P_1+P_2+\cdots+P_{10}=1$$

も確認できる．これを図示すると，**図 4.12** になる．

二項分布は $B(n,P)$ と表し，確率変数 X が二項分布 $B(n,P)$ に従うとき，その期待値と分散は，

$$E(X)=nP,\quad V(X)=nP(1-P)$$

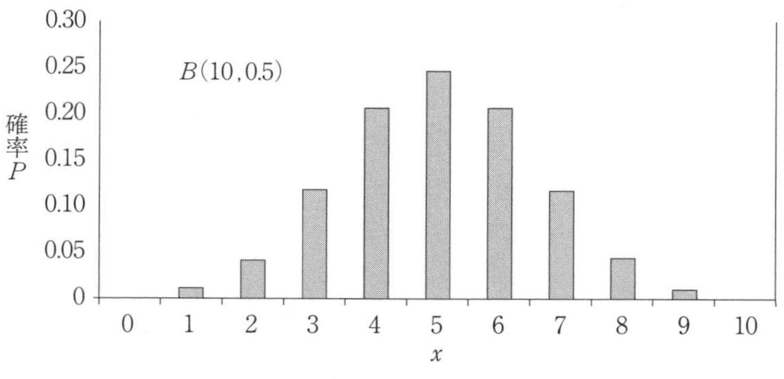

図 4.12　二項分布の確率分布

となる.

また，二項分布は，$nP \geqq 5$ でかつ $n(1-P) \geqq 5$ のとき，正規分布に近似してもよいといわれており，二項分布 $B(n, P)$ に従う確率変数 X を，正規分布 $N(nP, np(1-P))$ で近似できる.

4.3　本章の例題

【例題 4.1】

図 4.13 の標準正規分布の P と K_P の値を求めよ.

【解答】

① 0.00

② 1.282

③ 1.645

④ 0.0250

⑤ 0.0129

P	K_P
0.50	①
0.10	②
0.05	③
④	1.96
⑤	2.23
⑥	2.95

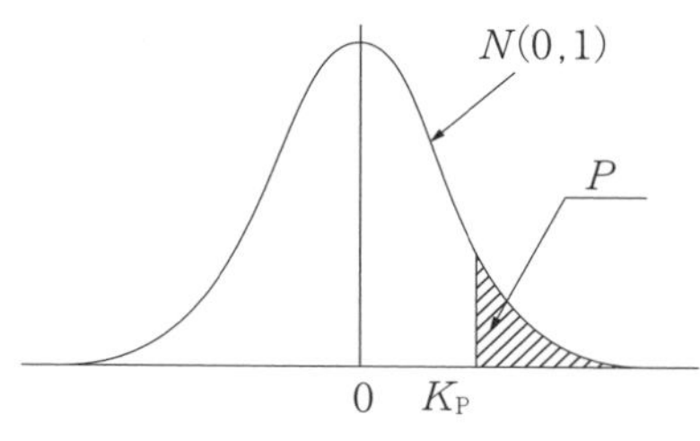

図 4.13　例題 4.1 のデータ

⑥　0.0016

なお，高校数学の正規分布表(図 4.3)を使っても，

①　$P(0 \leqq Z \leqq z_0) = 0 \rightarrow z_0 = 0.00$

②　$P(0 \leqq Z \leqq z_0) = 0.50 - 0.10 = 0.40 \rightarrow z_0 = 1.28$

③　$P(0 \leqq Z \leqq z_0) = 0.50 - 0.05 = 0.45 \rightarrow z_0 = 1.645$

④　$z_0 = 1.96 \rightarrow P(0 \leqq Z \leqq 1.96) = 0.5000 - 0.4750 = 0.0250$

⑤　$z_0 = 2.23 \rightarrow P(0 \leqq Z \leqq 2.23) = 0.5000 - 0.4871 = 0.0129$

⑥　$z_0 = 2.95 \rightarrow P(0 \leqq Z \leqq 2.95) = 0.5000 - 0.4984 = 0.0016$

と同様に求めることができる.

【例題 4.2】

標準正規分布の①・②の部分(**図 4.14**)の確率を求めよ.

【解答】

①　$1 - 0.0228 - 0.0013 = 0.9759$

$K_P = 2.0$ の確率 P 0.0228 と $K_P = -3.0$ の確率 P($K_P = 3.0$ の確率 P に等しい)0.0013 を全体の確率 1 から引いて求める.

②　$0.1587 - 0.0228 = 0.1359$

$K_P = -1.0$ の確率 P($K_P = 1.0$ の確率 P に等しい)0.1587 から $K_P = -2.0$ の

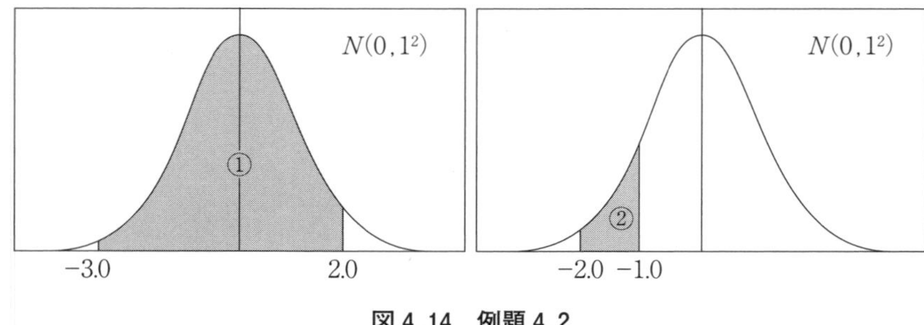

図 4.14　例題 4.2

確率 P(K_P=2.0 の確率 P に等しい)0.0228 を引いて求める．

【例題 4.3】

ある部品の重量(単位：g)は，正規分布 $N(100.0, 0.2^2)$ に従っている．このとき重量が 100.5 以上になる確率を求めよ．

【解答】

まず，標準化の式 $u=\dfrac{x-\mu}{\sigma}$ から，

$$u=\frac{100.5-100.0}{0.2}=2.5$$

となる．この操作は，100.5 が母平均 100.0 からどれだけ離れているか？→100.5−100.0=0.5，それは母標準偏差でいくつ分になるか？→$\dfrac{0.5}{0.2}=2.5$ と行われている，と考えればよい．

続いて，$K_P=u=2.5$ から，正規分布表(Ⅰ)を用いて K_P から P を求めると，$P=0.0062$ となる．

よって求める確率は，0.0062(0.62%)となる(**図 4.15**)．

【例題 4.4】

ある部品の重量(単位：g)は，正規分布 $N(50.0, 0.2^2)$ に従っている．このとき，重量が 50.5 以上になる確率を 0.001(0.1%)以下にしたい．母平均は変わらな

いとして，母標準偏差をいくつにすればよいか求めよ．

【解答】

まず，上側確率 $P=0.001$ から正規分布表(Ⅱ)を用いて $K_P=3.090$ となる．続いて $K_P=u=3.090$ から，標準化の式を用いて，

$$u=\frac{x-\mu}{\sigma}$$

$$3.090=\frac{50.5-50.0}{\sigma}$$

$$\sigma=0.16$$

となる．よって母標準偏差を 0.16(g)以下にすればよい．

この操作は，50.5 が母平均 50.0 からどれだけ離れているか？→50.5−50.0＝0.50，それが母標準偏差で 3.090 分なので，母標準偏差は？→$\sigma=\frac{0.50}{3.090}=0.16$，と行われている，と考えればよい(**図 4.16**)．

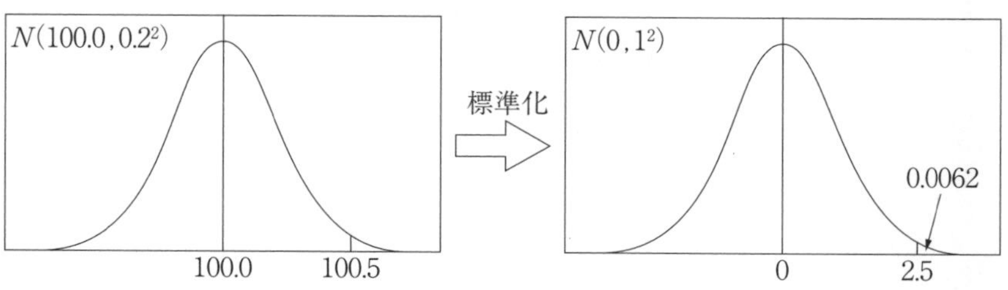

図 4.15　例題 4.3 の考え方

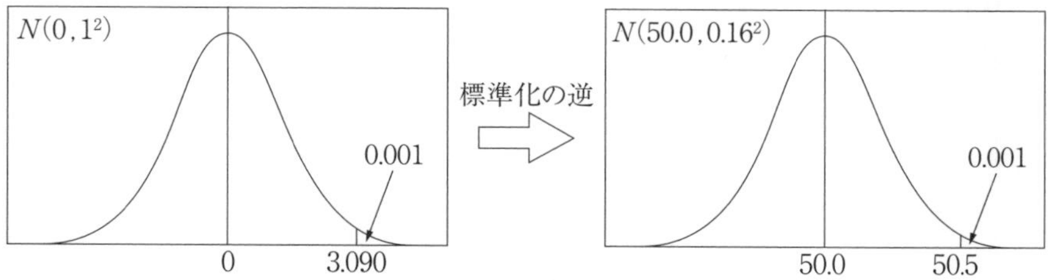

図 4.16　例題 4.4 の考え方

【例題 4.5】

ある工場で生産される精密部品の長さ(単位：μm)は正規分布$N(200.0, 3.0^2)$に従っている．また，現在の規格値は上限規格 208.0 μm，下限規格 192.0 μm である．

① 現在の製品規格外れが発生する確率を求めよ．

② お客様からの要望によって，下限規格だけが 196.0 μm に変更された．このときの下限規格外れが発生する確率を求めよ．

③ 規格変更後の規格外れの発生確率を小さくするため，母平均を 202.0 μm になるように調整を行った．母標準偏差は変わらないとして，このときの製品規格外れが発生する確率を求めよ．

④ 規格変更後の規格外れの発生確率を 1.0%以下にするため，母平均は 202.0 μm のまま，母標準偏差を小さくしたい．いくらにすればよいか求めよ．

【解答】

① 現在の製品規格外れが発生する確率

上限規格外れの確率を求める．標準化の式 $u=\dfrac{x-\mu}{\sigma}$ から，

$$u=\frac{208.0-200.0}{3.0}=2.67$$

続いて $K_P=u=2.67$ から，正規分布表(Ⅰ)を用いて K_P から P を求めると，$P=0.0038$ となる．

同様に下限規格外れの確率を求める．

$$u=\frac{192.0-200.0}{3.0}=-2.67$$

続いて $K_P=u=-2.67$ から，正規分布表(Ⅰ)を用いて K_P から P を求めるが，$K_P=-2.67$ の下側確率は $K_P=2.67$ の上側確率と等しいので，$P=0.0038$ となる．

よって，製品規格外れが発生する確率は上限規格外れの確率と下限規格外れ

の確率の合計で，

$$P=0.0038+0.0038=0.0076(0.76\%)$$

となる．

② 規格変更後の下限規格外れの確率

標準化の式 $u=\dfrac{x-\mu}{\sigma}$ から，

$$u=\frac{196.0-200.0}{3.0}=-1.33$$

続いて $K_P=u=-1.33$ から，正規分布表（Ⅰ）を用いて K_P から P を求めるが，$K_P=-1.33$ の下側確率は $K_P=1.33$ の上側確率と等しいので，$P=0.0918$ (9.18%) となる．

③ 規格変更後，母平均調整後の製品規格外れが発生する確率

上限規格外れの確率を求める．標準化の式 $u=\dfrac{x-\mu}{\sigma}$ から，

$$u=\frac{208.0-202.0}{3.0}=2.00$$

続いて $K_P=u=2.00$ から，正規分布表（Ⅰ）を用いて K_P から P を求めると，$P=0.0228$ となる．

同様に下限規格外れの確率を求める．

$$u=\frac{196.0-202.0}{3.0}=-2.00$$

続いて $K_P=u=-2.00$ から，正規分布表（Ⅰ）を用いて K_P から P を求めるが，$K_P=-2.00$ の下側確率は $K_P=2.00$ の上側確率と等しいので，$P=0.0228$ となる．

よって，製品規格外れが発生する確率は，上限規格外れの確率と下限規格外れの確率の合計で，$P=0.0228+0.0228=0.0456(4.56\%)$ となる．

④ 規格変更後の規格外れの発生確率を1.0%以下にするための母標準偏差

上限規格外れの確率と下限規格外れの確率をともに0.5%以下にすればよいので，上側確率 $P=0.005$ から正規分布表（Ⅱ）を用いて $K_P=2.576$ と求める．続いて $K_P=u=2.576$ から，標準化の式を用いて，

本章の例題

$$u=\frac{x-\mu}{\sigma}$$

$$2.576=\frac{208.0-202.0}{\sigma}$$

$$\sigma=2.33$$

となる．よって母標準偏差を 2.3(μm) 以下にすればよい．

【例題 4.6】

ポリ容器に液体製品を自動充塡している工程がある．液体製品の充塡量は母平均 1010.0ml，母分散 3.0^2ml^{2}の正規分布に従い，ポリ容器の内容積は母平均 1022.0ml，母分散 4.0^2ml^{2}の正規分布に従っており，互いに独立とする．また，充塡前後で液体製品の体積，ポリ容器の内容積は変化しないものとする．

① 液体充塡後ポリ容器の空隙部容積の母平均，母分散，母標準偏差を求めよ．

② この自動充塡工程で，ポリ容器から液体があふれる確率を求めよ．

【解答】

① 液体充塡後ポリ容器の空隙部容積の母平均，母分散，母標準偏差

ポリ容器の空隙部容積 x の母平均は，

$$\mu_x=E(x)=1022.0-1010.0=12.0 \quad \text{(ml)}$$

となる．

また，x の母分散は，分散の加法性より，

$$V(x)=3.0^2+4.0^2=25.0=5.0^2 \quad (\text{ml}^2)$$

となるので，母標準偏差は，

$$\sigma_x=\sqrt{V(x)}=5.0 \quad \text{(ml)}$$

となる．

② ポリ容器から液体があふれる確率

空隙部の容積が 0 以下のときに液体があふれることから，空隙部が 0 になる

確率を求める．標準化を行うと，

$$u=\frac{0-\mu_x}{\sigma_x}=\frac{0-12.0}{5.0}=-2.40$$

となる．標準正規分布で −2.40 以下の確率は，左右対称であるため 2.40 以上の確率と等しいので，正規分布表（Ⅰ）より $u=K_P=2.40$ から $P=0.0082$ と求まる．

よって求める確率は，0.82% となる．

【例題 4.7】

母不適合品率 $P=0.10$ の工程から，サンプルを 5 個抜き取ったとき，サンプル中の不適合品が 1 個以下である確率を求めよ．

【解答】

$X \leqq 1$ の確率は $x=0$，$x=1$ となる確率 P_0，P_1 の合計になるので，$P=0.10$，$n=5$ のときの，二項分布の確率の式を用いて，

$$P_x={}_nC_xP^x(1-P)^{n-x}=\frac{n!}{x!(n-x)!}P^x(1-p)^{n-x}$$

$$P_0=\frac{5!}{0!(5-0)!}0.1^0(1-0.1)^{5-0}=1\times1\times0.9^5=0.590$$

$$P_1=\frac{5!}{1!(5-1)!}0.1^1(1-0.1)^{5-1}=5\times0.1\times0.9^4=0.328$$

$$P_0+P_1=0.918\quad(91.8\%)$$

となる．

第5章

統計量の分布

5.1 高校数学での統計量の分布

標本平均とその確率分布について学ぶ.

5.1.1 標本平均の確率分布

(1) 標本平均

ここでは, 1つの標本を抽出することを1回の試行のように考えて, このとき決まる数値を確率変数として扱う.

復元抽出によって, 母集団から無作為抽出した大きさ n の標本を, X_1, X_2, X_3, …, X_n とする. これらの平均を**標本平均**といい, $\overline{X}$ で表す.

$$\overline{X}=\frac{X_1+X_2+X_3+\cdots+X_n}{n}$$

標本平均 $\overline{X}$ は, 標本ごとに値が定まるから, 標本平均もまた確率変数と考えられる.

(2) 標本平均の平均と標準偏差

1つの標本(X_1, X_2, X_3, …, X_n)の k 番目の X_kを取り出すことは, 母集団から1つを抽出することと同じであるから, 母平均を m, 母標準偏差を σ とすると, 次のことが成り立つ.

$$E(X_k)=m,\quad V(X_k)=\sigma^2\quad (k=1,\ 2,\ \cdots,\ n)$$

よって平均は,

$$E(\overline{X})=E\left(\frac{X_1+X_2+X_3+\cdots+X_n}{n}\right)=E\left(\frac{X_1}{n}\right)+E\left(\frac{X_2}{n}\right)+\cdots+E\left(\frac{X_n}{n}\right)$$
$$=\frac{1}{n}E(X_1)+\frac{1}{n}E(X_2)+\cdots+\frac{1}{n}E(X_n)=\frac{1}{n}\cdot m\cdot n=m$$

分散は,

$$V(\overline{X})=V\left(\frac{X_1+X_2+X_3+\cdots+X_n}{n}\right)=V\left(\frac{X_1}{n}\right)+V\left(\frac{X_2}{n}\right)+\cdots+V\left(\frac{X_n}{n}\right)$$
$$=\frac{1}{n^2}V(X_1)+\frac{1}{n^2}V(X_2)+\cdots+\frac{1}{n^2}V(X_n)=\frac{1}{n^2}\cdot\sigma^2\cdot n=\frac{\sigma^2}{n}$$

標準偏差は,

$$\sigma(\overline{X})=\sqrt{V(\overline{X})}=\frac{\sigma}{\sqrt{n}}$$

標本平均 $\overline{X}$ の平均と標準偏差：

> 母平均 m, 母標準偏差 σ の母集団から, 大きさ n の標本を復元抽出するとき, 標本平均 $\overline{X}$ の平均 $E(\overline{X})$, 標準偏差 $\sigma(\overline{X})$ は,
>
> $$E(\overline{X})=m,\quad \sigma(\overline{X})=\frac{\sigma}{\sqrt{n}}$$

一般に, 母平均と母標準偏差をもつどのような母集団についても, 標本平均の確率分布は, 標本の大きさ n が大きくなると, 正規分布に近づくことが知られている.

標本平均 $\overline{X}$ の確率分布：

> 母平均 m, 母標準偏差 σ の母集団から, 大きさ n の標本を無作為抽出するとき, n が大きいならば, 標本平均 $\overline{X}$ の分布は, 正規分布 $N\left(m, \frac{\sigma^2}{n}\right)$ で近似できる.

5.2　実学としての統計量の分布

ある母集団からサンプルを抜き取り得られたデータの平均値や分散は一定の値ではなく, サンプリングのたびにばらつく. このような量を統計量という. サンプルがランダムサンプリングにより, 確率的に公平になるような方法で抜きとられていれば, 統計量も1つの確率分布に従う.

表5.1に第5章の用語と記号の対照表を示す.

表 5.1　用語と記号の対照表

高校数学	実学	意味と注
標本平均 $\overline{X}$ $\overline{X}=\dfrac{\sum_{i=1}^{n} X_i}{n}$	(サンプルの)平均値 $\bar{x}$ $\bar{x}=\dfrac{\sum_{i=1}^{n} x_i}{n}$ 標本平均ともいう.	サンプルから得られたデータであるので統計量である.
標本平均 $\overline{X}$ の確率分布 $N\left(m,\dfrac{\sigma^2}{n}\right)$	(サンプルの)平均値 $\bar{x}$ の分布 $N\left(\mu,\dfrac{\sigma^2}{n}\right)$	n が十分大きければ，任意の分布に従う確率変数について成立する(中心極限定理).

5.2.1　統計量の分布

(1)　サンプルの平均 $\bar{x}$ の分布(正規分布)(母分散 σ^2既知)

正規分布に従う母集団 $N(\mu,\sigma^2)$ からランダムに抜き取られた大きさ n のサンプルの平均値 $\bar{x}=\dfrac{1}{n}\sum x_i$ は，平均 μ，分散 $\dfrac{\sigma^2}{n}$ の正規分布に従う．

これは，期待値と分散の性質を用いて容易に導くことができる．

$E(x)=\mu$，$\bar{x}=\dfrac{1}{n}(x_1+x_2+\cdots+x_n)$ なので，期待値の性質から，

$$E(\bar{x})=\left(\frac{1}{n}\right)\left\{E(x_1)+E(x_2)+\cdots+E(x_n)\right\}=\left(\frac{1}{n}\right)n\mu=\mu$$

となる．また，$V(x)=\sigma^2$，$\bar{x}=\dfrac{1}{n}(x_1+x_2+\cdots+x_n)$ なので，分散の性質から，

$$V(\bar{x})=\left(\frac{1}{n}\right)^2\left\{V(x_1)+V(x_2)+\cdots+V(x_n)\right\}=\left(\frac{1}{n}\right)^2 n\sigma^2=\frac{\sigma^2}{n}$$

となる．

$\bar{x}\sim N\left(\mu,\dfrac{\sigma^2}{n}\right)$ なので，$u=\dfrac{\bar{x}-\mu}{\sqrt{\sigma^2/n}}$ とおくと(正規分布の標準化をしていることに注意)，u は標準正規分布 $N(0,1^2)$ に従う(**図 5.1**)．

$$u=\frac{\bar{x}-\mu}{\sqrt{\sigma^2/n}}\sim N(0,1^2)$$

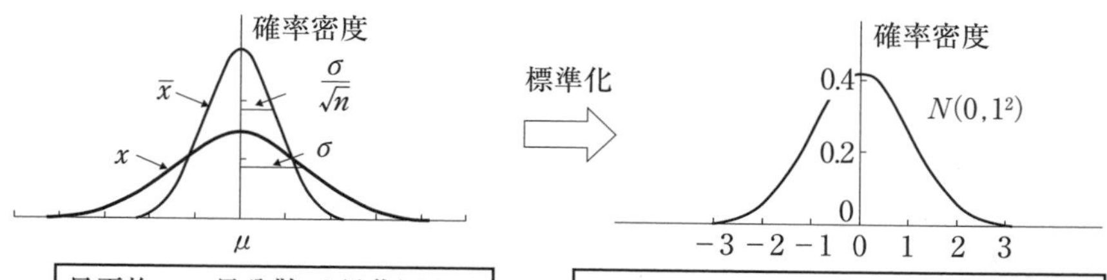

母平均 μ，母分散 σ^2 母集団からとられたサンプルデータ x と平均値 $\bar{x}$ の分布

総計量 u は標準正規分布 $N(0,1^2)$ に従う

$$x \sim N\ (\mu, \sigma^2)$$

$$x \sim N\ (\mu, \sigma^2/n)$$

$$u = \frac{x-\mu}{\sigma} \sim N(0,1^2)$$

$$u = \frac{\bar{x}-\mu}{\sqrt{\sigma^2/n}} \sim N(0,1^2)$$

図 5.1　x，$\bar{x}$ の分布と標準正規分布

となる．

標準正規分布を用いると，正規分布表(付表 1)を使って，$\bar{x}$ がある値以上または以下の値をとる確率を求めることができる．

(2)　サンプルの平均 $\bar{x}$ の分布(t 分布)　(母分散 σ^2 未知)

(1)において，

$$u=\frac{\bar{x}-\mu}{\sqrt{\sigma^2/n}} \sim N(0,1^2)$$

であったが，母分散 σ^2 が未知の場合，σ^2 を統計量である分散 V で置き換えて，

$$t=\frac{\bar{x}-\mu}{\sqrt{V/n}}$$

とおくと，t は自由度 $\phi=n-1$ の t 分布に従う．

すなわち，正規分布に従う母集団 $N(\mu,\sigma^2)$ からランダムに抜き取られた大きさ n のサンプルの平均値を $\bar{x}$，分散を V とすると，

$$t=\frac{\bar{x}-\mu}{\sqrt{V/n}}$$

は自由度 $\phi=n-1$ の t 分布に従う.

(3) t 表とその見方

自由度 ϕ の t 分布に従う確率変数 t と両側確率 P の関係を表にしたものが t 表(**付表 2**, **図 5.2**)である.

① 表の左右の見出しは, 自由度 ϕ の値を表し, 表の上の見出しは, 両側確率 P の値を表す. 表中は対応する t の値を表す. 例えば, $\phi=15$, $P=0.05$ に対応する t の値は, 表の左右の見出しの 15 と, 表の上の見出しの 0.05 が交差するところの値 2.131 を読み, $t(15, 0.05)=2.131$ と求める.

② t 分布も $t=0$ に対して左右対称なので, $\phi=15$, 下側確率(下片側確率) 0.025 に対応する t の値は $-t(15, 0.05)=-2.131$ となる.

(4) 平方和 S の分布(χ^2 分布)

平方和 S

$$S=\sum(x_i-\bar{x})^2$$

は, サンプルのばらつきを表す統計量の一つであるが, サンプルの大きさと母

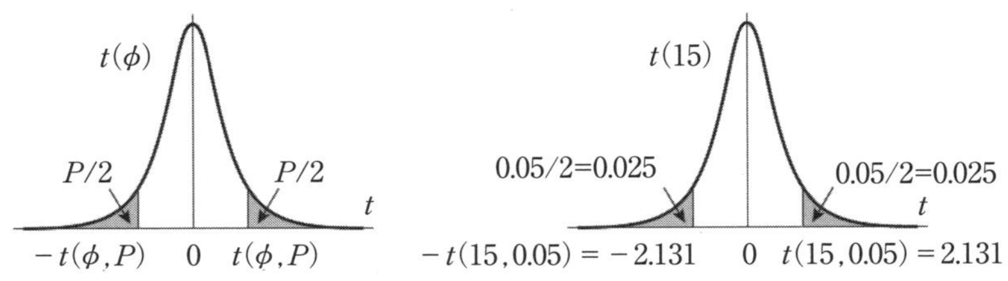

＊正規分布表と異なり, t 表は両側確率で表示されていることに注意. ただし, 数値表はさまざまな種類があり, 中には片側確率で表示されているものもある.

図 5.2 t 表

分散が大きくなるほど大きくなる．Sの分布は，Sを母分散σ^2で割って，

$$\chi^2=\frac{S}{\sigma^2}$$

とおくと，χ^2(カイ２乗)の分布となる．

正規分布に従う母集団$N(\mu,\sigma^2)$からランダムに抜き取った大きさnのサンプルの平方和をSとすると，

$$\chi^2=\frac{S}{\sigma^2}$$

は自由度$\phi=n-1$のχ^2分布に従う．

(5)　χ^2表とその見方

自由度ϕのχ^2分布に従う確率変数χ^2と上側確率Pの関係を表にしたものがχ^2表(**付表3，図5.3**)である．

① 表の左右の見出しは，自由度ϕの値を表し，表の上の見出しは，上側確率Pの値を表す．表中は対応するχ^2の値を表す．例えば，$\phi=20$，$P=0.05$に対応するχ^2の値は，表の左右の見出しの20と，表の上の見出しの0.05が交差するところの値31.4を読み，$\chi^2(20,0.05)=31.4$と求める．

② 下側確率に対応するχ^2の値を求める場合を考える．例えば，$\phi=20$，下側確率0.05に対応するχ^2の値は，上側確率$P=1-0.05=0.95$に対応するχ^2の値と等しくなるので，$\chi^2(20,0.95)=10.85$と求めればよい．

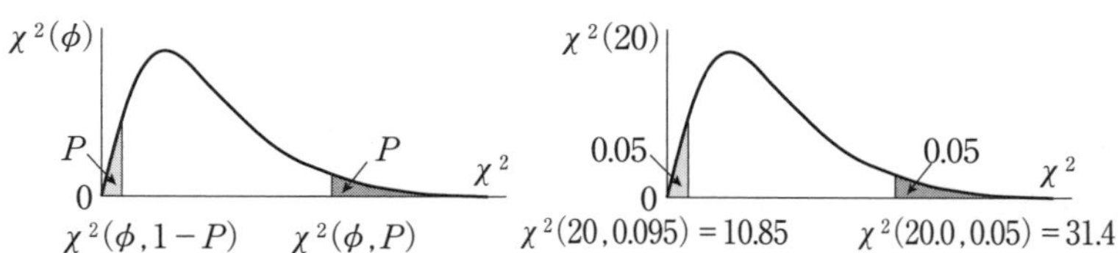

＊正規分布やt分布と異なり，χ^2分布は左右非対称なので上側確率で表示されている．下側確率は(1－上側確率)と求めることに注意．

図5.3　χ^2表

5.2.2 大数の法則と中心極限定理

(1) 大数の法則

同じ母集団($E(x)=\mu, V(x)=\sigma^2$)からの大きさ n のランダムサンプル(互いに独立で同じ分布に従う標本)の平均値 $\bar{x}$ の期待値と分散は,

$$E(\bar{x})=\mu,\quad V(\bar{x})=\frac{\sigma^2}{n}$$

となる.これより n を限りなく大きくすれば,$\bar{x}$ のばらつきが限りなく小さくなることがわかる.このことを**大数の法則**という.

大数の法則は,正規分布以外の分布についても成立する.

(2) 中心極限定理

任意の分布に従う確率変数の和は正規分布に近似できる.すなわち,X_iは互いに独立に同一の分布($E(x)=\mu, V(x)=\sigma^2$)に従うとき,十分大きい n について,近似的に,

$$\sum_{i=1}^{n} X_i \sim N(n\mu, n\sigma^2)$$

が成立する.これを平均値 $\bar{x}$ の分布に変形すると,

$$\bar{x} \sim N(\mu, \sigma^2/n)$$

となる.この関係を**中心極限定理**という.

例えば,確率密度関数が有限区間で一定の値,区間外では0となる分布である一様分布において,n を増加させると,平均値 $\bar{x}$ の分布は正規分布に近づいていく.

中心極限定理は二項分布やポアソン分布といった計数値の分布についても成立する.この性質は統計的解析でデータに正規分布を仮定することの根拠の一つとなっている.

5.3　本章の例題

【例題 5.1】

機械部品を製造している工程がある．この部品の重要特性の一つは重量であり，母平均 100.000g，母標準偏差 0.100g の正規分布に従っている．

この工程からサンプルをランダムに 4 個採取した．これらのサンプルの平均重量が，99.875g 以上かつ 100.125g 以下である確率を求めよ．

【解答】

サンプル 4 個の平均重量 $\bar{x}$ の母平均 $\mu_{\bar{x}}$ は，

$$\mu_{\bar{x}}=E(\bar{x})=E\left\{\frac{1}{4}(x_1+x_2+x_3+x_4)\right\}=\frac{1}{4}\{E(x_1)+E(x_2)+E(x_3)+E(x_4)\}$$
$$=\frac{1}{4}(100.000+100.000+100.000+100.000)=100.000(\mathrm{g})$$

となる．また，母分散は，分散の加法性より，

$$V(\bar{x})=V\left\{\frac{1}{4}(x_1+x_2+x_3+x_4)\right\}=\left(\frac{1}{4}\right)^2\{V(x_1)+V(x_2)+V(x_3)+V(x_4)\}$$
$$=\frac{1}{16}(0.100^2+0.100^2+0.100^2+0.100^2)=\frac{0.100^2}{4}=0.00250=0.050^2(\mathrm{g}^2)$$

となるので，母標準偏差 $\sigma_{\bar{x}}$ は，

$$\sigma_{\bar{x}}=\sqrt{V(\bar{x})}=\sqrt{0.00250}=0.050(\mathrm{g})$$

となる．

続いて 99.875g と 100.125g が母平均 $\mu_{\bar{x}}$ から母標準偏差 $\sigma_{\bar{x}}$ でいくつ分離れているかを求めるために，標準化を行うと，

$$u=(99.875-\mu_{\bar{x}})/\sigma_{\bar{x}}=(99.875-100.000)/0.050=-2.500$$
$$u=(100.125-\mu_{\bar{x}})/\sigma_{\bar{x}}=(100.125-100.000)/0.050=2.500$$

となる．標準正規分布で -2.50 以下の確率は，左右対称であるため 2.50 以上の確率と等しいので，正規分布表（Ⅰ）より，$u=K_P=2.50$ から $P=0.0062$ と求まる．

よって求める確率は，$1-0.0062\times2=0.9876$（98.76%）となる．

正規分布に従う母集団 $N(\mu,\sigma^2)$ からランダムに抜き取られた大きさ n のサンプルの平均 $\bar{x}$ は，$N(\mu,\sigma^2/n)$ に従う．また，$u=\dfrac{\bar{x}-\mu}{\sqrt{\sigma^2/n}}$ は，標準正規分布 $N(0,1^2)$ に従う．これらは重要な性質である．

第6章

検定・推定

6.1　高校数学での検定・推定

母平均の推定，母比率の推定，仮説検定について学ぶ．

6.1.1　母平均の推定

母平均の分布の特徴を表す数値を，標本から推測することを推定するという．

標本平均から母平均を推定するとき，標本平均の値と母平均が一致するとは考えにくい．そこで，推定した結果を「a 以上 b 以下」のような範囲の形で表す．この範囲は，広いほど推定の信頼性は高まると考えられるが，範囲を広げすぎると使いものにならなくなる．

したがって，あらかじめ信頼性の度合いを数値で定めておき，その数値に対応する範囲を求める方法がとられる．

(1)　信頼度による母平均の推定

ここまでは，分布がわかっている母集団から標本平均の分布の様子を調べてきた．本章では，抽出した標本の平均を用いて，母集団の平均を推定する．

母平均 m，母標準偏差 σ として，大きさ n の標本を無作為抽出し，その標本平均を $\overline{X}$ とする(**図 6.1**)．n が大きいとき，標本平均 $\overline{X}$ の分布は正規分布 $N\left(m, \dfrac{\sigma^2}{n}\right)$ で近似できる．

$$P\left(m-k\frac{\sigma}{\sqrt{n}} \leqq \overline{X} \leqq m+k\frac{\sigma}{\sqrt{n}}\right)=0.95$$

となる k を求めてみる．

$\overline{X}$ を $Z=\dfrac{\overline{X}-m}{\dfrac{\sigma}{\sqrt{n}}}$ により標準化すると，

$$P(-k \leqq Z \leqq k)=0.95$$

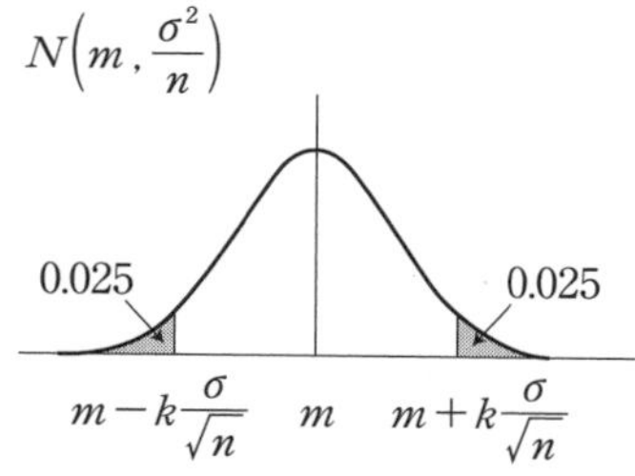

図 6.1　$\overline{X}$ の分布

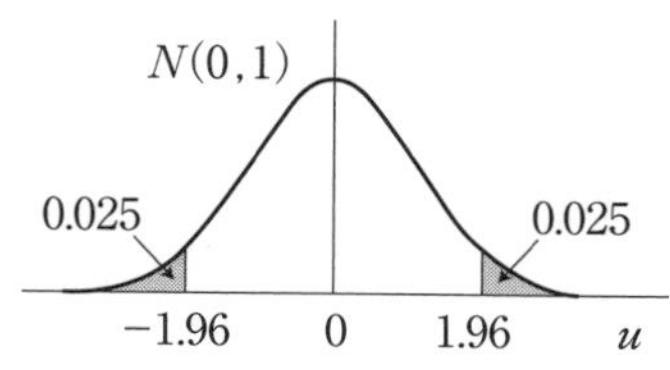

図 6.2　Z の分布

Z の分布は標準正規分布 $N(0,1)$ で近似できるから，正規分布表により，$k=1.96$ である(**図 6.2**).

すなわち，$P(-1.96 \leqq Z \leqq 1.96)=0.95$

したがって，

$$P\left(m-1.96\frac{\sigma}{\sqrt{n}} \leqq \overline{X} \leqq m+1.96\frac{\sigma}{\sqrt{n}}\right)=0.95 \qquad (6.1)$$

$\overline{X}$ のいくつかの値 $\bar{x}_k$ をとり，それぞれの中心とする幅が $2\times 1.96\frac{\sigma}{\sqrt{n}}$ である区間を**図 6.3** のように表す.

以下，図 6.3 を説明する．㋑は標本平均 $\bar{x}_k$ が区間 $m-1.96\frac{\sigma}{\sqrt{n}} \leqq \bar{x}_k \leqq m+1.96\frac{\sigma}{\sqrt{n}}$ の中に入る場合である.

式(6.1)から，このような場合は，標本平均全体の 95% を占める.

また，㋺は $\bar{x}_k$ がこの区間に入らない場合である.

この関係は，㋑は母平均 m が区間 $\bar{x}_k-1.96\frac{\sigma}{\sqrt{n}} \leqq m \leqq \bar{x}_k+1.96\frac{\sigma}{\sqrt{n}}$ の中に入る場合であるともいえ，このような場合は全体の 95% を占めることになる.

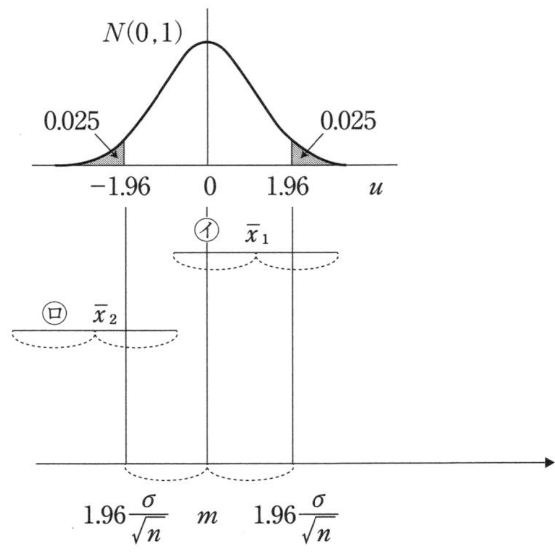

図 6.3　$\overline{X}$の分布

したがって，標本調査で得られる 1 つの標本平均 $\bar{x}$ を用いて，母平均 m は区間 $\bar{x}-1.96\dfrac{\sigma}{\sqrt{n}} \leqq m \leqq \bar{x}+1.96\dfrac{\sigma}{\sqrt{n}}$ の中にあると推定すれば，その推定が当たる確率は 95% である．

また，確率 99% の場合も同様に考えて，$P(-2.58 \leqq Z \leqq 2.58)=0.99$ である．

推定する区間を**信頼区間**といい，当たる確率を**信頼度**という．標本をもとに母平均に対する信頼区間を求めることを**推定**という．

一般に，次にようにまとめられる．

母平均の推定：

母標準偏差 σ の母集団から大きさ n の標本を無作為抽出し，その標本平均を $\bar{x}$ とすると，n が大きいならば，母平均 m に対する信頼区間は，

信頼度 95% では，

$$\bar{x}-1.96\frac{\sigma}{\sqrt{n}} \leqq m \leqq \bar{x}+1.96\frac{\sigma}{\sqrt{n}}$$

信頼度99%では，

$$\bar{x}-2.58\frac{\sigma}{\sqrt{n}} \leqq m \leqq \bar{x}+2.58\frac{\sigma}{\sqrt{n}}$$

(2)　標本標準偏差

抽出した1つの標本の標準偏差を**標本標準偏差**といい，sで表す．実際の標本調査では，母集団の標準偏差σがわからない場合が多い．しかし，標本の大きさnが大きいときには，母標準偏差σの代わりに標本標準偏差sを用いてよいことが知られている．

6.1.2　母比率の推定

工場で不良品が発生する比率などのように，ある性質をもつものが全体に対する比率を，母集団では**母比率**，標本では**標本比率**という．

(1)　信頼度による母比率の推定

標本比率から，母比率を推定することを考えてみる．

ある性質Aの母比率をpとして，大きさnの無作為標本を取り出したとき，その中に性質AをもつものがX個あるとすると，標本比率は$\bar{p}=\frac{X}{n}$である．Xは二項分布$B(n,p)$に従うから，母平均の推定の場合と同様に，次のようになる．

$$P\left(-1.96 \leqq \frac{X-np}{\sqrt{np(1-p)}} \leqq 1.96\right)=0.95$$

ここで，nが十分に大きいならば，根号内の母比率pの代わりに，標本比率$\bar{p}$を用いてよいことが知られているから，次のように変形できる．

$$P\left(\frac{X}{n}-1.96\sqrt{\frac{\bar{p}(1-\bar{p})}{n}} \leqq P \leqq \frac{X}{n}+1.96\sqrt{\frac{\bar{p}(1-\bar{p})}{n}}\right)=0.95$$

したがって，標本調査で得られる1つの標本比率$\bar{p}$を用いて，母比率は区間，

$$\bar{p}-1.96\sqrt{\frac{\bar{p}(1-\bar{p})}{n}} \leqq p \leqq \bar{p}+1.96\sqrt{\frac{\bar{p}(1-\bar{p})}{n}}$$

の中にあると推定すれば，その推定が当たる確率は 95%である．

確率 99%の場合も同様に考えられる．

母比率の推定：

> 母集団から大きさ n の標本を無作為抽出し，標本比率 $\bar{p}$ とする．n が大きいならば，母比率 p に対する信頼区間は
>
> 信頼度 95%では，
>
> $$\bar{p}-1.96\sqrt{\frac{\bar{p}(1-\bar{p})}{n}} \leqq p \leqq \bar{p}+1.96\sqrt{\frac{\bar{p}(1-\bar{p})}{n}}$$
>
> 信頼度 99%では，
>
> $$\bar{p}-2.58\sqrt{\frac{\bar{p}(1-\bar{p})}{n}} \leqq p \leqq \bar{p}+2.58\sqrt{\frac{\bar{p}(1-\bar{p})}{n}}$$

6.1.3 仮説検定

すべての事象が同様に確からしい場合の試行において，同じ試行を何回も繰り返したとき，ある特定の事象が極端に多く起こったとする．このとき，めったに起こらないことが偶然起こったと見る立場の一方で，「すべての事象が同様に確からしい」という前提が疑わしいと主張することもできる．

このような主張が妥当かどうかを，確率分布を調べて判断してみる．

(1) 仮説検定

ある変わった形のコインがある．このコインを投げたとき，表と裏が出る確率が等しくはなさそう，と考えた．そこで，このコインを 6 回続けて投げたところ，すべて裏が出た．

この結果から，「表と裏が出る確率が等しくない」と主張することは妥当か

どうかを判断する.

まず,「表と裏が出る確率は，ともに1/2である」という仮説を立てる.

表が出る回数を X とすると，X は確率変数となる.

先の仮説を正しいとして，コインを6回続けて投げる試行において，$X=0$ または $X=6$ となる事象，すなわちコインの表または裏だけが6回続けて出る確率を求める.

その確率が0.05以下のときは，めったにないことが起こったとして仮説を切り捨てることにする.

$X=0$ となる確率は，二項分布の確率計算から,

$${}_6C_0 \times (1/2)^6 = 1/64$$

$X=6$ となる確率も同様に,

$${}_6C_6 \times (1/2)^6 = 1/64$$

となるので,

$$1/64 + 1/64 = 0.03125$$

で0.05より小さいから,「表と裏が出る確率が等しくない」という主張は妥当であるといえる.

この手順を整理すると，次のようになる.

1)　ある事象Aが起こった状況や原因をもとに，仮説 H_1 を立てる.

【先の例の場合】

A：コインの表または裏が6回続けて出る事象

H_1：表と裏が出る確率が等しくない

2)　仮説 H_1 に反する命題 H_0 を考える.

【先の例の場合】

H_0：表と裏が出る確率が等しい

3)　命題 H_0 が真であると仮定した場合に事象Aが起こる確率 p を求める.

4)　求めた p を，あらかじめ定めておいた，めったに起こらないと判断する確率 p_0 と比較して，命題 H_0 が真であるという仮説の妥当性を判断する.

【先の例の場合】

p_0：0.05

このような手順で仮説の妥当性について判断することを**仮説検定**という．また，H_0 を**帰無仮説**，H_1 を**対立仮説**という．4)で定めた確率 p_0 を**有意水準**といい，％で表すこともある．有意水準は通常0.05(5%)に設定されるが，0.01(1%)とすることもある．有意水準と比較して帰無仮説が正しくないと判断することを「**棄却する**」という．

仮説検定では，確率変数 X が連続的な値をとることもある．X が正規分布に従うときには，X が平均 m より離れた値であるほど，確率的に起こりづらい事象が起こったと考えられる．

したがって，有意水準 p_0 で検定を行うには，$P((m-a) \leqq X \leqq (m+a))=1-p_0$ となるような正の数 a を定め，X が $(m-a) \leqq X \leqq (m+a)$ の範囲に入らなければ，H_0 を棄却する．また，X が $(m-a) \leqq X \leqq (m+a)$ の範囲に入れば H_0 を棄却しない．すなわち，H_0 が $1-p_0$ の信頼度をもつと考えることになる．

6.2　実学としての検定・推定

統計の重要な目的は，母集団に関する調査であるが，その調査結果の表し方である「検定と推定」について学ぶ．検定は，母集団に関する仮説をサンプルから得られたデータで判断するものである．一方，推定とは，対象とする母集団の分布の母平均や母分散といった母数を推定するもので，1つの推定量により母数を推定する点推定と，区間を用いて推定する区間推定がある．

表6.1に第6章の用語と記号の対照表を示す．

注：高校数学では，推定，検定の順で記述されている．推定は，母集団の母数を表す数値を推測するので，「数学」との一定の親和性があるのに対して，検定は，母集団に関する仮説を検証する，しかもその判定結果が間違っていることもあるという，一般に，解析的な解を求めることを目的とする「数学」とはかなり性質の異なるものであることも考慮されていると思われる．

表6.1　用語と記号の対照表

高校数学	実学	意味と注
推定 標本をもとに母数(母平均，母比率)に対する信頼区間を求めること	推定 点推定と区間推定	推定は，母数の値がどの程度であるか推測することである．一般に，1つの推定量により推定する点推定と区間を用いて推定する区間推定がある．高校数学では区間推定を扱う．
信頼度 推定する区間である信頼区間が当たる確率	信頼率 区間推定において真の母数を含む確率	信頼度と信頼率は同様の意味で用いられる．
仮説検定	検定	母集団に関する仮説をサンプルから得られたデータで検証すること．統計的仮説検定ともいうが，単に「検定」といわれることが多い．
有意水準 p_0	有意水準 α	帰無仮説が真であるにもかかわらず，対立仮説が真であると判断してしまう誤りを，**第1種の誤り(過誤)**，またはあわてものの誤りとよび，その確率を**有意水準**，危険率などという．
母比率 p 標本比率 $\overline{p}$	母不適合品率(母不良率)P 不適合品率 p	母不適合品率 P の無限母集団から大きさ n のサンプルを抽出したときに，サンプル中の不適合品数は二項分布に従う．「適合・不適合」や「良・不良」のほか，「支持・不支持」，「勝ち・負け」など二値に分類できるものであれば二項分布を仮定できる．また，二項分布は一定の条件のもとで正規分布に近似できる．

一方，実学としての統計は，品質管理や社会調査といった実務の分野で使われることを目的としているので，推定とともに検定の考え方が極めて重要である．詳細は下記に譲るが，検定の基本的な考え方，すなわち「母集団に関する仮説をサンプルから得られたデータで検証する．判定した結果は誤っていることがあり，この誤りの確率をあらかじめ決めておく」は，より高度な統計的方法である管理図，実験計画法，回帰分析などすべての手法の根幹をなす考え方となっている．したがって，本書では，以下の説明を検定，推定の順で記述することとする．

統計の重要な目的の一つは，母集団に関する調査であった．では，その調査の結果をどう表すのだろうか？

製造工程における調査なら「Q 製品製造工程における製品寸法の平均値は 10.00mm である」，「R 工場の設備更新後の不適合品率は減少した」などだろうか．

しかし，これらの調査結果は，いずれも対象となる母集団をすべて調べたものではなく，サンプルの調査や測定から得られた情報である．ということは，先に何度も述べたようにサンプルはとるたびに違うものだから，「これらの結果は，たまたま今回そうなっただけでは？」と指摘されるかもしれない．

誰が見ても問題のない，誰もが納得してくれる結果報告をしたいものである．職場の上司やお客様にも，堂々と報告できる調査結果の導き方，それがすなわち検定・推定の極意といえる．

6.2.1　検定

(1)　検定とは

検定は「母集団の平均は従来とは異なる」，「新たな工程では不純物量が減少した」などといった母集団に関することをサンプルから得られたデータで判断するものである．

以下に手順とその基本的な考え方を示す．

1)　仮説を設定する

はじめに，主張したい結論を掲げる．もちろんこの段階では，その結論が正しいかどうかわからないので仮説となる．仮説は誤っているかもしれないので，はじめに立てた仮説を否定する仮説も同時に用意しておく．

先の例でいえば，「仮説 A：母集団の平均は従来と異なる」と，それを否定する「仮説 B：母集団の平均は従来と等しい」という2つの仮説になる．

2)　判定を間違う確率を決める

仮説を判定するのだから，間違うことがある．仮説が2つあるので間違い方も2種類考えられる．すなわち，「本当は仮説 B が正しいのに仮説 A が正しいと判定してしまう間違い」と「本当は仮説 A が正しいのに仮説 B が正しいと判定してしまう間違い」である．

間違いがしょっちゅう起こっては信用をなくすので，これらの間違いが起こる確率をあらかじめ決めておく．この確率は，通常5%や1%といった小さい値が使われる．

では，結論としていいたいのは仮説 A であったから，「本当は仮説 B が正しいのに仮説 A が正しいと判定してしまう間違い」の確率を5%としておこう．こうしておけば仮説 A が正しいという判定がでたときに，「その判定が誤っている確率は5%という小さな確率で，めったに起こらない」ということがいえる．逆にいうと，その判定結果はおおむね信用してよい，というお墨付きが与えられることになる．

3)　判定の基準を決める

いよいよサンプルをとって，得られたデータの平均値を求める．その前に，このサンプルは仮説 B の母集団(すなわち従来と同じ平均をもつ集団)からとられたものとすれば(仮説 B が正しいとすれば)，**第5章**で述べたとおり，平均値はどのような分布をするのかを知ることができる．さらにこれを正規分布の標準化をすれば標準正規分布に従うので，これを判定の基準にすればよいのである．正規分布表(付表1)を使えば，この標準正規分布の値とそのときの確率の関係を知ることができるので，めったに起こらない(すなわち小さな確率)

正規分布の値がわかる．この値を判定の境界にすればよい．これで，「めずらしくないこと」と「めったに起こらないこと」の境界が引けたことになる．

4)　統計量を求めて判定する

サンプルから得られたデータを計算した平均値などを使って標準正規分布の値を計算し，先ほどの境界と比べる．

境界を越えたとすれば，それは「めったに起こらないことが起こっている」という状況を示すことになる．しかし，ここはそうは考えずに，「境界を越えたのには，仮説に理由があるのではないか」と考えるほうがよさそうである．

なぜなら，母集団から正しくサンプルをとり，そのサンプルから平均値を求め，その分布を決めるという一連の流れは，いつだれがやっても同じようにでき，同じ結果になるはずだからである．

では，「最初の仮説に理由がある」とはどういうことか考えてみよう．今回の場合，仮説 B が正しいということを前提に進めてきたので，「仮説 B を正しいとしたことが間違いだった」とすれば自然である．すなわち，「母集団の平均は従来と等しい」ということが否定されたことになり，もう一つの仮説である仮説 A の「母集団の平均は従来と異なる」が正しかったということになる．

これは最初に掲げた結論と同じであり，思惑どおりの結論を導くことができた．

もちろん，いつもこううまくはいかない．境界から外れない場合もある．この場合は，最初に掲げた結論は正しいとはいえないので，「母集団の平均値は従来と異なるとはいえない」という結論になる．

(2)　検定の手順

■検定の概要

先に示した検定の基本的な考え方に沿って，もう一度検定の概要を整理する．検定では，普段聞きなれない統計独特の用語を用いるので，その点にも注意してほしい．

検定とは，母集団の分布に関する仮説を統計的に検証するものである．サンプルやそのデータを検証するものではなく，母集団に関する仮説をデータを用いて検証することが目的である．

検定においては，主張したいことを**対立仮説**(H_1 と表現する)におき，この仮説を否定する仮説を**帰無仮説**(H_0 と表現する)とする．対立仮説には，**両側仮説**と**片側仮説**とがあり，それぞれの場合の検定を**両側検定**，**片側検定**という．

帰無仮説が真であるにもかかわらず，対立仮説が真であると判断してしまう誤りを，**第 1 種の誤り(過誤)**，またはあわてものの誤りとよび，その確率を**有意水準**，危険率などといい記号 α で表す．これに対し，対立仮説が真であるにもかかわらず，帰無仮説が真であると判断してしまう誤りを，**第 2 種の誤り(過誤)**，またはぼんやりものの誤りとよび，その確率を記号 β で表す．一般に，α を大きくすると β は小さくなり，α を小さくすれば β は大きくなる．また，検定では，対立仮説が真のときにそれを正しく検出できることが重要である．この確率は$(1-\beta)$となり，**検出力**という．**表 6.2** に検定の仮説と誤りの確率について整理する．

検定における有意水準(危険率)α とは，帰無仮説が成り立っている場合に，「めったに起こらない」とする確率であり，一般的には 5% や 1% といった小さい値に設定される．したがって，データから求めた検定統計量が，有意水準から求めた**棄却域**に入った場合は，「めったに起こらないことが起こった」とは

表 6.2　検定の仮説と誤りの確率

真実＼判断	H_0 が正しい	H_1 が正しい
H_0 が真	○	× 第 1 種の誤り 確率：α(有意水準)
H_1 が真	× 第 2 種の誤り 確率：β	○ 検出力 確率：$(1-\beta)$

せずに，「元の仮定が間違っていた」と判断し，帰無仮説を棄却するのである．

図 6.4 に 1 つの母平均の検定(対立仮説：$\mu>\mu_0$，母分散既知の場合)における棄却域と α，β，検出力$(1-\beta)$の関係を示す．

検定においては，データから求めた検定統計量の値が棄却域に入ったとき，帰無仮説が棄却され，対立仮説が成り立っていると判断する．このとき，「検定結果は有意である」などと表現する．

棄却域 R とは，「帰無仮説を棄却すると判断する統計量の範囲」をいう．

- 両側検定では，棄却域が右，左両側(上側，下側という)にある．
- 片側検定では，棄却域が右(上側)または左(下側)のいずれかにある．図 6.4 は，片側検定で棄却域が右側(上側)の場合を示している．
- 棄却域は，有意水準 α によって定まる．

有意水準を 5% とすると，正規分布は左右対称なので，両側検定の場合，上側に 2.5% 分，下側に 2.5% 分の棄却域を設ける必要がある．正規分布の上側 2.5% 点(これを本書では，$u(0.05)$ と表現している)および下側 2.5% 点$(-u(0.05))$が帰無仮説を棄却する限界値になる．また，片側検定の場合は，上側または下側に 5% 分の棄却域を設けるので上側 5% 点$(u(0.10))$または下側 5%

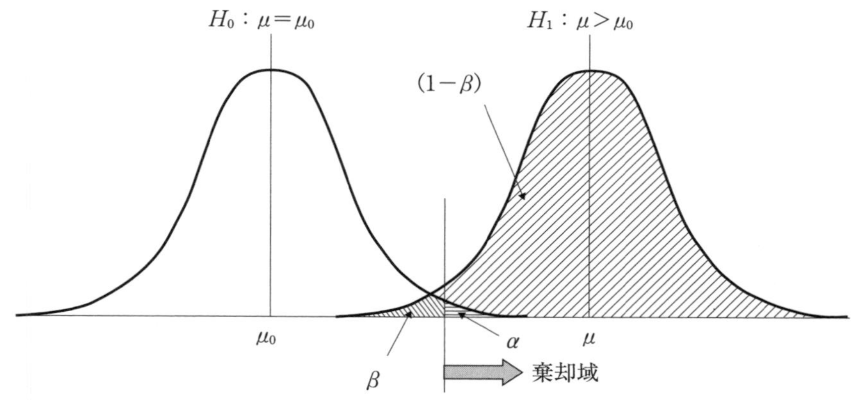

図 6.4　母平均の検定における棄却域

点($-u(0.10)$)が帰無仮説を棄却する限界値になる.

検定統計量の値が棄却域に入らなかった場合は,「帰無仮説が正しい」とは表現せず,「対立仮説が正しいとはいえない」と表現する. これは先に述べた検出力がからんでおり, 棄却域に入らなかったときには,「帰無仮説が正しい」場合の他に,「検出力が十分ではなかった」という可能性があるためである. サンプルの数が多くなれば検出力は大きくなるが, 一方で時間やコストがかかるという問題が生じる. したがって, あらかじめ検出したい差と検出力を決めておいて, 必要なサンプルの数を算定することも行われる.

統計ソフトなどを使って検定を行うと, 有意, 有意でないに加えて, p 値というものが表示されることがある. p 値とは, 統計量がサンプルのデータから計算した値よりも分布の中心から離れた側の値をとる確率を示す. 例えば, p 値が 2%となっているなら,「帰無仮説が正しいとすると, サンプルのデータから計算した値は 2%という小さな確率でしか起こらない」ということを示している. したがって, 有意水準と p 値を比べることでも検定の判断ができる. 片側検定の場合の棄却域と p 値の関係を**図 6.5** に示す.

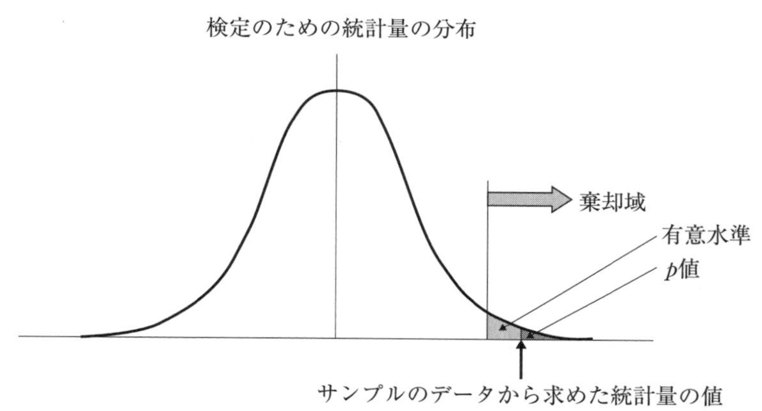

図 6.5　棄却域と p 値

■検定の具体的な手順

例として，母分散が既知の場合で１つの母平均 μ に関する検定の手順を示す．

手順１　検定の目的の設定

母分散が既知の場合で，１つの母平均 μ が比較する値 μ_0 と変わったかどうかの検定を行う．

手順２　帰無仮説 H_0 と対立仮説 H_1 の設定

$H_0 : \mu = \mu_0$

対立仮説には，

$H_1 : \mu \neq \mu_0$　（両側仮説）

$H_1 : \mu > \mu_0$　（片側仮説）

$H_1 : \mu < \mu_0$　（片側仮説）

の３つが考えられ，「検定によって何を主張したいか」によっていずれかを選ぶことになる．

- 特性値の母平均が変化したといいたい→$H_1 : \mu \neq \mu_0$
- 特性値の母平均が大きくなったといいたい→$H_1 : \mu > \mu_0$
- 特性値の母平均が小さくなったといいたい→$H_1 : \mu < \mu_0$

手順３　検定統計量の選定

１つの母平均の検定において，母分散が既知の場合の母集団は，正規分布 $N(\mu, \sigma^2)$ に従う．ここからランダムに抜き取られた大きさ n のサンプルの平均値 $\bar{x}$ は，正規分布 $N\left(\mu, \dfrac{\sigma^2}{n}\right)$ に従う．これを標準化した $u = \dfrac{\bar{x} - \mu}{\sqrt{\sigma^2/n}}$ は標準正規分布 $N(0, 1^2)$ に従う．

したがって，本検定における検定統計量は $u = \dfrac{\bar{x} - \mu}{\sqrt{\sigma^2/n}}$ である．

手順４　有意水準の設定

有意水準 α（第１種の誤りの確率）を設定する．一般には 0.05（5％），または 0.01（1％）を採用する．

注：有意水準は検定に先立って決めておく．検定統計量を計算してから，検定結果を有意になるよう，または有意にならないように変えることはよくない．

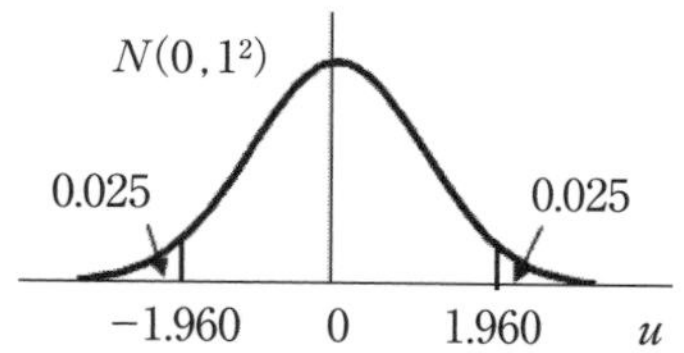

図 6.6　正規分布の棄却域

手順 5　棄却域の設定

有意水準と対立仮説に応じた棄却域を設定する．

1 つの母平均の検定で，対立仮説が $H_1 : \mu \neq \mu_0$ の両側検定のとき，標準正規分布の棄却域は

$$R : |u_0| \geqq u(\alpha) = u(0.05) = 1.960$$

となる．棄却域 R の値は，正規分布表(付表 1)から両側確率が 0.05(上側確率で 0.025，下側確率で 0.025)になる正規分布の値を 1.960 と求めている．

両側検定の場合には，上側と下側の両方に棄却域が設定されるので，検定統計量の値が 1.960 以上または −1.960 以下であれば有意と判断する(**図 6.6**)．

手順 6　検定統計量の計算

検定の対象となる母集団からランダムにサンプルを採取し，測定してデータを得る．データの平均値 $\bar{x} = \frac{1}{n}\sum x_i$ から，$u = \frac{\bar{x} - \mu}{\sqrt{\sigma^2/n}}$ の値を計算する．

手順 7　検定結果の判定

計算した検定統計量の値を棄却域の値と比較し，検定の結果を判断する．棄却域に入っていれば有意であると判断し，入っていなければ有意ではないと判断する．

手順 8　結論

検定の結果，有意であれば帰無仮説が棄却され，対立仮説が採択される．有意でない場合には，帰無仮説は棄却されない．

【参考】

帰無仮説は，$H_0 : \mu = \mu_0$ などと，常に「ある値に等しい」とおいている．そ

の理由を述べる.

検定では，帰無仮説 H_0 のもとで(帰無仮説が正しいとして)，データから計算された検定統計量 u が観測された値 u_0 を超える確率を求め，この確率が小さい値であったときに帰無仮説を棄却する(実際の手順は，有意水準 α のもとで仮説が棄却される棄却域（$u(\alpha)$，$u(2\alpha)$ など)を正規分表などの数値表から読み，u_0 と比較している).

ここで，帰無仮説 H_0 のもとで，検定統計量 u が，観測された値 u_0 を超える確率を求めるためには，$H_0: \mu=\mu_0$ の場合しか，正しく計算することができない($\mu<\mu_0$，$\mu>\mu_0$ などでは，分布を特定することができない).

以上の理由から，帰無仮説は(片側検定の場合でも)不等号はつけず，H_0：$\mu=\mu_0$ などとしている.

6.2.2　推定

(1)　推定とは

検定で得られる結論は，「新たな工程の平均は従来と異なる」というようなものであった．これは常に重要な母集団に関する情報を与えてくれたのだが，「じゃあ，変わった平均はどれくらい？」という指摘や問合せがやってくることはさけられないだろう．これに答えを出してくれるのが推定である.

推定については，「検定と推定は２つで１つ」とか，「検定を行ってから推定をしなくてはならない」とか，「検定で有意でなければ推定には意味がない」などの言説もあるが，検定と推定はまったく別物で，検定だけ，または推定だけ行っても問題はない.「視聴率調査」や「世論調査」の結果は，実はこの推定であって，後述する点推定の結果だけが重宝される場合も多い.

推定には**点推定**と**区間推定**がある．点推定は，「新たな工程の平均値は100.00kg と推定できる」というように，１つの値で推定する．ところがこの推定値もサンプルをとるたびに異なる．サンプルの平均値がばらつくわけである．推定値がどの程度信頼できるかということを，区間を用いて「新たな工程の平均値は 100.00±1.00kg」などと表現する．これが区間推定である.

検定で判定が間違う確率を定めたように，区間推定では**信頼区間**というものを定める．この信頼区間の幅を決める値としては，95%，90%などが用いられ**信頼率**とよぶ．

信頼率の意味は，サンプルをとって平均値などを計算し信頼区間を求めることを何度も何度も行った(誰もそんなことはしないだろうが)とした場合，得られたたくさんの信頼区間のうち95%のものは真の平均(母平均)を含んでいる，という意味である(5%のものは真の平均を外している)．信頼率は$(1-\alpha)$と表す．具体的には，検定統計量が95%の確率で含まれる正規分布などの値の範囲を求め，そこから逆算して真の平均の存在する範囲を求めている．

(2)　推定の手順

■推定の概要

推定とは，対象とする母集団の分布の母平均や母分散といった母数を推定するものである．1つの推定量により母数を推定する点推定と，区間を用いて推定する区間推定がある．

点推定とは，母平均μや母分散σ^2などを1つの値で推定することであり，不偏推定量である平均値$\bar{x}$，分散Vなどがよく用いられる．

区間推定とは，母数の存在する区間を推定する方法であり，信頼率$(1-\alpha)$を定めて推定する．信頼率は，一般的には95%(0.95)または90%(0.90)を用いる．「保証された信頼率で母数を含む区間」である信頼区間，すなわち信頼区間の上限値(信頼上限)と下限値(信頼下限)である信頼限界を求める．

■推定の具体的な手順

例として，母分散が既知の場合で1つの母平均μに関する推定の手順を示す．

手順1　点推定

母平均μを点推定すると，

$$\hat{\mu}=\bar{x}$$

となる．

注：記号∧はハットとよび，母数の推定値であることを表す．この場合はミューハットとよぶ．

手順2　区間推定

母分散が既知の場合の母平均 μ の信頼率95％の区間推定は，統計量 $u=\dfrac{\bar{x}-\mu}{\sqrt{\sigma^2/n}}$ が標準正規分布 $N(0,1^2)$ に従うので，$u=\dfrac{\bar{x}-\mu}{\sqrt{\sigma^2/n}}$ の値が，下側2.5％点$(-u(0.05))$と上側2.5％点$(u(0.05))$の間にある確率が$(1-0.05)$であることから，

$$Pr\left(-u(0.05)<\frac{\bar{x}-\mu}{\sqrt{\sigma^2/n}}<u(0.05)\right)=1-0.05=0.95$$

注：$Pr(*)$とは，$*$の事象が起こる確率を表す記号である．

となり，これを解いて，

$$\text{信頼上限：}\mu_U=\bar{x}+u(0.05)\sqrt{\frac{\sigma^2}{n}}=\bar{x}+1.960\sqrt{\frac{\sigma^2}{n}}$$

$$\text{信頼下限：}\mu_L=\bar{x}-u(0.05)\sqrt{\frac{\sigma^2}{n}}=\bar{x}-1.960\sqrt{\frac{\sigma^2}{n}}$$

となる．

6.2.3　計量値の検定・推定

(1)　計量値の検定・推定の種類

計量値データに基づく検定と推定には多くの種類がある．**表6.3**に1つの母集団に関する検定方法および推定方法についてまとめる．

注：高校数学では，母数(母平均，母分散，母標準偏差)と統計量(平均値(標本平均)，分散(不偏分散，標本分散)，標準偏差(標本標準偏差))の区別がそれほど厳格になされていない．

本章で学ぶ母平均の検定・推定を行う際には，母分散(母標準偏差)に関する情報が必要となる．統計では，母平均の検定・推定にあたって，「母分散が既知である」場合と「母分散が未知である」場合とでは，検定のため

表6.3　計量値データに基づく検定と推定一覧

母集団の数	検定と推定の目的	母分散の情報	統計量の分布	検定統計量	対立仮説と棄却域	推定
1	母平均μに関する検定と推定	母分散σ^2が既知	標準正規分布	$u_0=\dfrac{\bar{x}-\mu_0}{\sqrt{\sigma^2/n}}$	$H_1:\mu\neq\mu_0 \Rightarrow R:\lvert u_0\rvert\geqq u(\alpha)$ $H_1:\mu>\mu_0 \Rightarrow R:u_0\geqq u(2\alpha)$ $H_1:\mu<\mu_0 \Rightarrow R:u_0\leqq -u(2\alpha)$	$\bar{x}\pm u(\alpha)\sqrt{\dfrac{\sigma^2}{n}}$
1	母平均μに関する検定と推定	母分散σ^2が未知	t分布	$t_0=\dfrac{\bar{x}-\mu_0}{\sqrt{V/n}}$	$H_1:\mu\neq\mu_0 \Rightarrow R:\lvert t_0\rvert\geqq t(\phi,\alpha)$ $H_1:\mu>\mu_0 \Rightarrow R:t_0\geqq t(\phi,2\alpha)$ $H_1:\mu<\mu_0 \Rightarrow R:t_0\leqq -t(\phi,2\alpha)$	$\bar{x}\pm t(\phi,\alpha)\sqrt{\dfrac{V}{n}}$
1	母分散σ^2に関する検定と推定	—	χ^2分布	$\chi_0^2=\dfrac{S}{\sigma_0^2}$	$H_1:\sigma^2\neq\sigma_0^2 \Rightarrow R:\chi_0^2\geqq\chi^2(\phi,\alpha/2)$ または$\chi_0^2\leqq\chi^2(\phi,1-\alpha/2)$ $H_1:\sigma^2>\sigma_0^2 \Rightarrow R:\chi_0^2\geqq\chi^2(\phi,\alpha)$ $H_1:\sigma^2<\sigma_0^2 \Rightarrow R:\chi_0^2\leqq\chi^2(\phi,1-\alpha)$	$\hat{\sigma}^2=V=\dfrac{S}{n-1}$ $\sigma_U^2=\dfrac{S}{\chi^2(\phi,1-\alpha/2)}$ $\sigma_L^2=\dfrac{S}{\chi^2(\phi,\alpha/2)}$

注：検定統計量の値には，下付きの0(帰無仮説H_0の0に由来するといわれる)をつけて表記している．

の統計量とその分布が異なるからである．

高校数学では，本来未知である母標準偏差の代わりに，十分大きなサンプルから算出した標準偏差を用いるとしている．この場合の標準偏差の算定式は，$s=\sqrt{\frac{\sum_{i=1}^{n}(x_i-\overline{x})^2}{n}}$である．本来，サンプルから求めた標準偏差なので，$s=\sqrt{\frac{\sum_{i=1}^{n}(x_i-\overline{x})^2}{n-1}}$を用いるべきであるが，$n$が大きければ，$n \fallingdotseq n-1$なので両者の結果に大きな差がないことをよりどころとしている．

しかし，実務の場面では，いつも十分大きなサンプルが採取できるとは限らない．本来，統計学は少数のサンプル(小標本)から母数を推測することから出発しているので，サンプルが小さくても問題はない．

先の母平均の検定・推定の場合では，通常，未知である母分散をサンプルから求めた分散(不偏分散，標本分散)で置き換えて解析を行うことができる．この場合，統計量はtとなりt分布に従うとする．もちろん，実務の場面でも，長期にわたって安定した工程から求められている分散を母分散として用いるということも行われる．この場合は母分散が既知であるという．

6.2.4　計数値の検定・推定

データが二項分布に従う母不適合品率についての解析について説明する．

(1)　1つの母不適合品率Pに関する検定と推定

1つの母集団の母不適合品率Pに関して，H_0：$P=P_0$(P_0は既知の値)の検定やPの推定を行う．

解析には，(サンプルの)不適合品率pが正規分布$\left(P, \frac{P(1-P)}{n}\right)$に近似できるとして，二項分布の直接近似を用いる．近似精度が満足ゆくものであるためには，不適合品数などが5個程度以上になるようにサンプルの大きさなどを設定することが必要である．

二項分布の直接近似による正規分布近似を用いる方法について説明する(表6.4)．

表 6.4　計数値データに基づく検定と推定一覧

母集団の数	検定と推定の目的	統計量の分布	検定統計量	対立仮説と棄却域	推定
1	母不適合品率 P に関する検定と推定	二項分布の正規分布への近似	$u_0=\dfrac{p-P_0}{\sqrt{P_0(1-P_0)/n}}$ $p=\dfrac{x}{n}$	$H_1: P \neq P_0 \Rightarrow R: \lvert u_0\rvert \geqq u(\alpha)$ $H_1: P > P_0 \Rightarrow R: u_0 \geqq u(2\alpha)$ $H_1: P < P_0 \Rightarrow R: u_0 \leqq -u(2\alpha)$	$p \pm u(\alpha)\sqrt{\dfrac{p(1-p)}{n}}$

6.3　本章の例題

【例題 6.1】　1 つの母平均の検定・推定（母分散既知）

従来，ある樹脂製品の延性の母平均は 45.0（%），母分散は 3.0^2（$\%^2$）であった．今回，品質向上を目的に試作を行い，ランダムに選んだ試作品 10 個の延性を測定したところ，その平均値は 47.0（%）であった．母分散は変化しないものとして延性が大きくなったかどうか検討する．

【検定の解答】

手順 1　検定の目的の設定

母分散が既知である 1 つの母集団の母平均について，母平均が大きくなったかどうかの片側検定を行う．

手順 2　帰無仮説 H_0 と対立仮説 H_1 の設定

母平均が大きくなったといいたいので，対立仮説を $H_1：\mu>\mu_0$ とする．

$$H_0：\mu=\mu_0 \quad (\mu_0=45.0)$$
$$H_1：\mu>\mu_0$$

手順 3　検定統計量の選定

帰無仮説が正しく（$\mu=\mu_0=45.0$），母分散が既知である（$\sigma^2=3.0^2$）である母集団は，正規分布 $N(\mu_0, \sigma^2)$ に従う．ここからランダムに抜き取られた大きさ n のサンプルの平均値 $\bar{x}$ は，正規分布 $N\left(\mu_0, \dfrac{\sigma^2}{n}\right)$ に従う．さらに，これを標準化した $u_0=\dfrac{\bar{x}-\mu_0}{\sqrt{\sigma^2/n}}$ は標準正規分布 $N(0,\ 1^2)$ に従う．

よって，検定統計量は $u_0=\dfrac{\bar{x}-\mu_0}{\sqrt{\sigma^2/n}}=\dfrac{\bar{x}-45.0}{\sqrt{3.0^2/n}}$ である．

手順 4　有意水準の設定

有意水準 α（第 1 種の誤りの確率）を 0.05（5%）とする．

$\alpha=0.05$

手順5　棄却域の設定

有意水準と対立仮説に応じた棄却域を設定する．

大きいほうだけを考慮した片側検定なので，棄却域は上側にだけ5%分設定する．

$$R：u_0 \geqq u(2\alpha)=u(0.10)=1.645$$

$u(0.10)$ の値は，正規分布表(付表1)より $P=0.05$(上側確率)に相当する K_P $(=1.645)$を求める(**図6.7**)．

手順6　検定統計量の計算

$$u_0=\frac{\bar{x}-\mu_0}{\sqrt{\sigma^2/n}}=\frac{\bar{x}-45.0}{\sqrt{3.0^2/n}}=\frac{47.0-45.0}{\sqrt{3.0^2/10}}=2.108$$

手順7　検定結果の判定

$$u_0=2.108>u(0.10)=1.645$$

となり，検定統計量の値は棄却域に入った．よって有意である．

手順8　結論

帰無仮説 $H_0：\mu=\mu_0=45.0$ は棄却され，対立仮説 $H_1：\mu>\mu_0$ を採択する．

有意水準5%で延性の母平均は45.0(%)より大きくなったといえる．

【推定の解答】

手順1　点推定

データから求めた平均値を用いて，

$$\hat{\mu}=\bar{x}=47.0(\%)$$

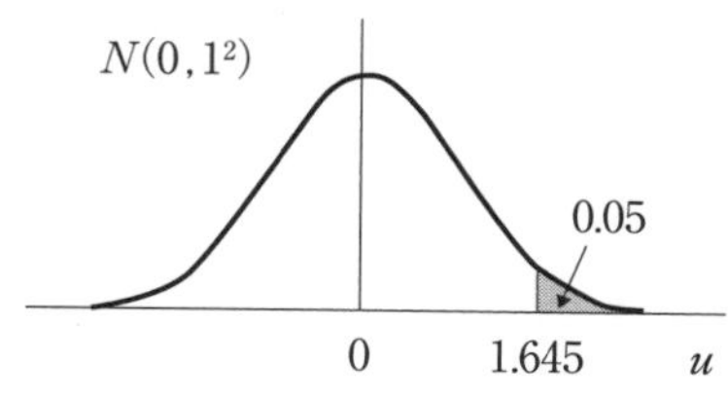

図6.7　正規分布の棄却域

本章の例題

となる.

手順 2　区間推定

母平均の信頼率 95%の区間推定は，

$$\bar{x}\pm u(0.05)\sqrt{\frac{\sigma^2}{n}}=47.0\pm 1.960\times\sqrt{\frac{3.0^2}{10}}=47.0\pm 1.86=45.14,\ 48.86\quad(\%)$$

となる.

区間推定の式からわかるように，信頼区間の幅 $2u(0.05)\sqrt{\frac{\sigma^2}{n}}$ は，サンプルの大きさ(データ数) n が大きいほど，分散 σ^2 が小さいほど，狭くなる.

注：本問で検定の目的が変わった場合，仮説と棄却域は以下のようになる.

a)　母平均が変わったといいたい場合：

$H_0：\mu=\mu_0\quad(\mu_0=45.0)$

$H_1：\mu\neq\mu_0$

$R：|u_0|\geqq u(\alpha)=u(0.05)=1.960$

b)　母平均が小さくなったといいたい場合：

$H_0：\mu=\mu_0\quad(\mu_0=45.0)$

$H_1：\mu<\mu_0$

$R：u_0\leqq -u(2\alpha)=-u(0.10)=-1.645$

検定統計量は同じ u_0 を用いて判定すればよい．推定については対立仮説にかかわらず同じである.

【例題 6.2】　1 つの母平均の検定・推定(母分散未知)

従来，ある金属製品の硬さの母平均は 190(HV)であった．今回，工程の簡略化を目的に製造工程の変更を行った．工程変更後の製品からランダムに選んだ 10 個のサンプルの硬さを測定したところ下記のデータを得た．製品の硬さが変わったかどうか検討する.

190　188　191　186　194　192　195　196　187　191　(HV)

【検定の解答】

手順 1　検定の目的の設定

母分散が未知である 1 つの母集団の母平均について，母平均が変わったかどうかの両側検定を行う.

手順2　帰無仮説 H_0 と対立仮説 H_1 の設定

母平均が変わったかどうかを調べたいので，対立仮説を $H_1：\mu \neq \mu_0$ とする.

$$H_0：\mu = \mu_0 \quad (\mu_0 = 190)$$
$$H_1：\mu \neq \mu_0$$

手順3　検定統計量の選定

母分散が既知の場合の検定統計量は,

$$u_0 = \frac{\bar{x} - \mu_0}{\sqrt{\sigma^2/n}} \sim N(0, 1^2)$$

であったが，母分散 σ^2 が未知の場合は，σ^2 を統計量 V で置き換えた,

$$t_0 = \frac{\bar{x} - \mu_0}{\sqrt{V/n}} \sim t(\phi)$$

が検定統計量となる．t は**自由度 $\phi = n-1$ の t 分布**に従う.

手順4　有意水準の設定

$$\alpha = 0.05$$

手順5　棄却域の設定

両側検定なので，棄却域は上側と下側に2.5%分ずつ設定する.

$$R：|t_0| \geqq t(\phi, \alpha) = t(9, 0.05) = 2.262$$

$t(9, 0.05)$ の値は，t 分布表(付表2)より自由度 $10-1=9$，$P=0.05$(両側確率であることに注意)に相当する $t(=2.262)$ を求める(**図6.8**).

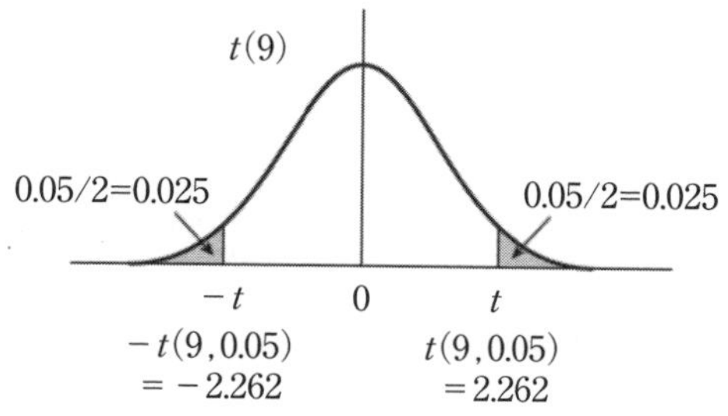

図6.8　t 分布の棄却域

本章の例題

手順 6　検定統計量の計算

平均値 $\overline{x}$ の計算：

$$\overline{x}=\frac{\sum x_i}{n}=\frac{1910}{10}=191.0$$

平方和 S の計算：

$$S=\sum (x_i-\overline{x})^2=102.0$$

分散 V の計算：

$$V=\frac{S}{n-1}=\frac{102.0}{10-1}=11.33$$

検定統計量 t_0の計算：

$$t_0=\frac{\overline{x}-\mu_0}{\sqrt{V/n}}=\frac{191.0-190.0}{\sqrt{11.33/10}}=0.939$$

手順 7　検定結果の判定

$$|t_0|=0.939<t(9,0.05)=2.262$$

となり，検定統計量の値は棄却域には入らず，有意ではない．

手順 8　結論

帰無仮説 H_0：$\mu=\mu_0=190.0$ は棄却されない．

有意水準 5%で硬さの母平均は変わったとはいえない．

【推定の解答】

手順 1　母平均の点推定

データから求めた平均値を用いて，

$$\hat{\mu}=\overline{x}=191.0 \quad \text{(HV)}$$

となる．

手順 2　区間推定

母平均の信頼率 95%の区間推定は，

$$\overline{x}\pm t(\phi,0.05)\sqrt{\frac{V}{n}}=\overline{x}\pm t(9,0.05)\sqrt{\frac{V}{n}}$$

$$=191.0\pm 2.262\times\sqrt{\frac{11.33}{10}}=191.0\pm 2.4=188.6,\ \ 193.4\quad (\mathrm{HV})$$

となる．

注：区間推定は，$t=\dfrac{\bar{x}-\mu}{\sqrt{V/n}}$ の値が下側 2.5％点（$-t(\phi, 0.05)$）と上側 2.5％点（$t(\phi, 0.05)$）の間にある確率が（1－0.05）であることから，

$$Pr\left\{-t(\phi, 0.05)<\frac{\bar{x}-\mu}{\sqrt{V/n}}<t(\phi, 0.05)\right\}=1-0.05=0.95$$

となり，これを解いて，

信頼上限：$\mu_U=\bar{x}+t(\phi, 0.05)\sqrt{V/n}$

信頼下限：$\mu_L=\bar{x}-t(\phi, 0.05)\sqrt{V/n}$

となる．

注：本問で検定の目的が変わった場合，仮説と棄却域は以下のようになる．

a)　母平均が大きくなったといいたい場合：

$H_0：\mu=\mu_0\quad(\mu_0=190.0)$

$H_1：\mu>\mu_0$

$R：t_0\geqq t(\phi, 2\alpha)=t(9, 0.10)=1.833$

b)　母平均が小さくなったといいたい場合：

$H_0：\mu=\mu_0\quad(\mu_0=190.0)$

$H_1：\mu<\mu_0$

$R：t_0\leqq -t(\phi, 2\alpha)=-t(9, 0.10)=-1.833$

検定統計量は同じ t_0 を用いて判定すればよい．推定については対立仮説にかかわらず同じである．

【例題 6.3】　1 つの母分散の検定・推定

従来，プラスチック製品のある部分の寸法の母平均は 250.0(mm)，母分散は 0.4^2(mm^2)であったが，ばらつきの低減を目的に試作を行った．ランダムに選んだ試作品 21 個を測定したデータから求めた平方和 S は 0.60(mm^2)であった．改善の効果があったかどうか検討する．

本章の例題

【検定の解答】

手順 1　検定の目的の設定

1 つの母集団の母分散について，母分散が小さくなったかどうかの片側検定を行う．

手順 2　帰無仮説 H_0 と対立仮説 H_1 の設定

母分散が小さくなったといいたいので，対立仮説を $H_1: \sigma^2 < \sigma_0^2$ とする．

$$H_0: \sigma^2 = \sigma_0^2 \quad (\sigma_0^2 = 0.4^2)$$
$$H_1: \sigma^2 < \sigma_0^2$$

手順 3　検定統計量の選定

帰無仮説が正しいとき，正規分布に従う母集団 $N(\mu, \sigma^2)$ からランダムに抜き取った大きさ n のサンプルの平方和 S を用いた $\chi_0^2 = \dfrac{S}{\sigma_0^2}$ は，自由度 $\phi = n-1$ の **χ^2 分布**に従う．

よって，検定統計量は $\chi_0^2 = \dfrac{S}{\sigma_0^2}$ である．

手順 4　有意水準の設定

$$\alpha = 0.05$$

手順 5　棄却域の設定

小さいほうだけを考慮した片側検定なので，棄却域は下側にだけ 5% 分設定する．

$$R: \chi_0^2 \leqq \chi^2(\phi, 1-\alpha) = \chi^2(20, 0.95) = 10.85$$

$\chi^2(20, 0.95)$ の値は，χ^2 表(付表 3)より自由度 $21-1=20$，$P=0.95$(上側確率であることに注意．下側確率が 0.05 になる)に相当する $\chi^2 (=10.85)$ を求める(図 6.9)．

手順 6　検定統計量の計算

$$\chi_0^2 = \frac{S}{\sigma_0^2} = \frac{0.60}{0.4^2} = 3.75$$

手順 7　検定結果の判定

$$\chi_0^2 = 3.75 < \chi^2(20, 0.95) = 10.85$$

となり，検定統計量の値は棄却域に入った．よって有意である．

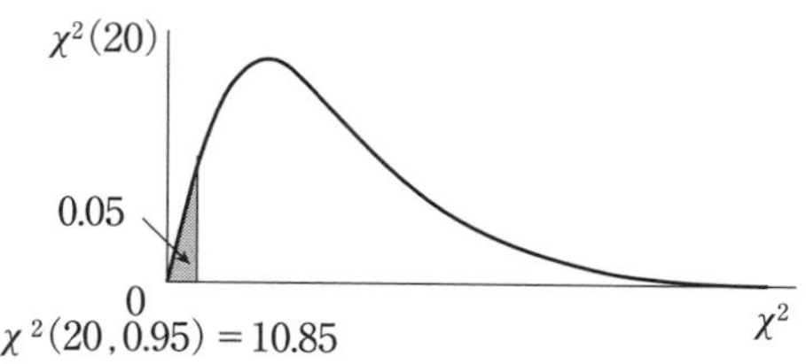

図 6.9　χ^2 分布の棄却域

手順 8　結論

帰無仮説 H_0：$\sigma^2 = \sigma_0^2 = 0.4^2$ は棄却され，対立仮説 H_1：$\sigma^2 < \sigma_0^2$ を採択する．有意水準 5% で寸法の母分散は 0.4^2(mm^2) より小さくなったといえる．

【推定の解答】

手順 1　母分散の点推定

$$\hat{\sigma}^2 = V = \frac{S}{n-1} = \frac{0.60}{20} = 0.03 = 0.173^2 \quad (\mathrm{mm}^2)$$

となる．

手順 2　区間推定

母分散の信頼率 95% の区間推定は，

$$\sigma_U^2 = \frac{S}{\chi^2(20, 0.975)} = \frac{0.60}{9.59} = 0.06257 = 0.250^2 \quad (\mathrm{mm}^2)$$

$$\sigma_L^2 = \frac{S}{\chi^2(20, 0.025)} = \frac{0.60}{34.2} = 0.01754 = 0.132^2 \quad (\mathrm{mm}^2)$$

となる．

注：区間推定は，$\chi^2 = \dfrac{S}{\sigma^2}$ の値が下側 2.5% 点 ($\chi^2(\phi, 1-0.025)$) と上側 2.5% 点 ($\chi^2(\phi, 0.025)$) の間にある確率が (1−0.05) であることから (χ^2 分布は左右非対称なので%点の表記に注意)，

$$Pr\left\{\chi^2(\phi, 0.975) < \frac{S}{\sigma^2} < \chi^2(\phi, 0.025)\right\} = 1 - 0.05 = 0.95$$

となり，これを解いて，

本章の例題

信頼上限：$\sigma_U{}^2=\dfrac{S}{\chi^2(\phi,0.975)}$

信頼下限：$\sigma_L{}^2=\dfrac{S}{\chi^2(\phi,0.025)}$

となる．

注：本問で検定の目的が変わった場合，仮説と棄却域は以下のようになる．

a）母分散が変わったといいたい場合：

$H_0：\sigma^2=\sigma_0^2 \quad (\sigma_0^2=0.4^2)$

$H_1：\sigma^2\neq\sigma_0^2$

$R：\chi_0^2\geqq(\phi,\alpha/2)=\chi^2(20,0.025)=34.2$

または $\chi_0^2\geqq\chi^2(\phi,1-\alpha/2)=\chi^2(20,0.975)=9.59$

b）母分散が大きくなったといいたい場合：

$H_0：\sigma^2=\sigma_0^2 \quad (\sigma_0^2=0.4^2)$

$H_1：\sigma^2>\sigma_0^2$

$R：\chi_0^2\geqq\chi^2(\phi,\alpha)=\chi^2(20,0.05)=31.4$

検定統計量は同じ $\chi_0{}^2$ を用いて判定すればよい．推定については対立仮説にかかわらず同じである．

【例題 6.4】 1 つの母不適合品率の検定・推定

あるラインで製造されるガラスボトルの従来の不適合品率は 3.0% であった．今回，製造設備の更新を行い，試作品 500 本のガラスボトルを検査したところ不適合品は 8 本であった．母不適合品率が変わったかどうか検討する．

【検定の解答】

手順 1　検定の目的の設定

1 つの母不適合品率に関する検定で，母不適合品率が変わったかの両側検定を行う．

手順 2　帰無仮説 H_0 と対立仮説 H_1 の設定

$H_0：P=P_0 \quad (P_0=0.030)$

$H_1：P\neq P_0$

手順3　正規分布への近似条件の検討

$$nP_0 = 500 \times 0.030 = 15 > 5$$
$$n(1-P_0) = 500 \times 0.970 = 485 > 5$$

なので，正規分布への近似条件が成り立つ．以下，正規分布への直接近似法により検定・推定を行う．

手順4　有意水準の設定

$$\alpha = 0.05$$

手順5　棄却域の設定

$$R : |u_0| \geqq u(\alpha) = u(0.05) = 1.960$$

手順6　検定統計量の計算

不適合品率 p の計算：

$$p = \frac{x}{n} = \frac{8}{500} = 0.016$$
$$u_0 = \frac{p - P_0}{\sqrt{P_0(1-P_0)/n}} = \frac{0.016 - 0.030}{\sqrt{0.030(1-0.030)/500}} = -1.835$$

手順7　検定結果の判定と結論

$$|u_0| = 1.835 < u(0.05) = 1.960$$

となり，有意ではない．有意水準5%で母不適合品率は変わったとはいえない．

【推定の解答】

手順1　母不適合品率の点推定

$$\widehat{P} = p = \frac{8}{500} = 0.016 \quad (1.6\%)$$

手順2　区間推定

信頼率95%の区間推定は，

$$p \pm u(0.05)\sqrt{\frac{n(1-p)}{n}} = 0.016 \pm 1.960\sqrt{\frac{0.030(1-0.030)}{500}}$$
$$= 0.016 \pm 0.015 = 0.001, 0.031 \quad (0.1\%, 3.1\%)$$

となる．

注：計数値の検定の場合も，計量値の場合と同様に検定の目的に応じて仮説，棄却域を設定する．また推定については同じ式で行える．

おわりに

本書の主題は「高校数学の統計学を入口にして，高校生から大学生，社会人まで多くの人に実学としての統計学を知って，そして活用してほしい」であるが，この目論見が成功したか否かは，お読みいただいた読者の皆様のご判断に委ねたいと思う．

今回，高校数学の教科書に触れて，高校の「数学」という教科の中での「統計学」は，少し「窮屈」ではないのかという印象ももった．高校で学ぶ数学の多くは，解析的な解を求めたり，命題を証明したりすることを学ぶ．ここでの解や証明は「常に正しい」と理解される．しかしながら，例えば統計学の根幹をなす「検定」では，その結論が「ある仮説は正しいと判断された．しかしながらその判断が間違っていることもあり，その確率は5%以下である」という，およそそれまで学んできた数学ではお目にかかったことのないものである．生徒が混乱しないのか心配するほどで，高校の数学と統計学はあまり相性がよくないともいえる．かといって，他の教科の一分野というわけにもいかないし，「統計学」で独立させるのも，現状の高校のカリキュラムの中では不可能であろう．

筆者は，大学生や社会人を対象にした「統計学・統計的方法」に関する講義やセミナーでの指導を長年にわたって行ってきた．また，いくつかの関連する書籍も出版してきた．そこでの受講者や読者に共通しているのは，「統計学を学んで，○○をしたい」という目的や欲求がはっきりしているということである．「○○」には，工業製品の品質管理の他，工業分野の研究・開発，社会・経済分野の調査・研究，医学・薬学分野の調査・研究，農業分野の調査・研究など，自身の仕事に関するさまざまな分野の具体的な目的が入るだろう．

このように，繰り返すが統計学は実学なのである．自分の知りたい，調査したいことを母集団と考えて，母集団から採られたサンプルから得られたデータを統計的に処理することによって，母集団に関する有益な情報をえるという方法論である．統計学に触れた高校生の皆さんには，従来の高校数学とは毛色の違う統計学が，将来は実学につながるということを胸に刻んでおいてほしい．そして，ぜひ自分の仕事や勉強に役立つ「実験計画法」や「回帰分析」といった多くの統計的方法にも興味をもって，学び，実践してほしい．

また，大学生や社会人の方には，高校数学の内容が，意外に新鮮に映ったのではないかと思う．確率変数の成り立ちや性質など，改めて再確認されたのではないだろうか．

本書は，日科技連出版社の戸羽節文社長から「高校数学で統計学が必修化されますよ」とのお声がけをいただいたことにより，考えることがあり執筆を始めた．途中，なかなか筆が進まずご迷惑をかけることになったが，同出版社の鈴木取締役，石田係長の支援と叱咤のおかげでようやく刊行にこぎつけた．改めてお三方に心より御礼を申し上げる．また，支えてくれた家族にも感謝したい．

付　　表

出典）森口繁一，日科技連数値表委員会編：『新編 日科技連数値表—第 2 版—』，日科技連出版社，2009 年.

付表1　正規分布表(Ⅰ)

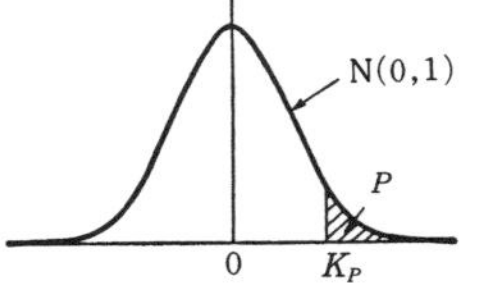

$$K_P \longrightarrow P=\Pr\{u \geqq K_P\}=\frac{1}{\sqrt{2\pi}}\int_{K_P}^{\infty} e^{-\frac{x^2}{2}}\,dx$$

（K_PからP を求める表）

K_P	*=0	1	2	3	4	5	6	7	8	9
0·0*	**·5000**	·4960	·4920	·4880	·4840	**·4801**	·4761	·4721	·4681	·4641
0·1*	**·4602**	·4562	·4522	·4483	·4443	**·4404**	·4364	·4325	·4286	·4247
0·2*	**·4207**	·4168	·4129	·4090	·4052	**·4013**	·3974	·3936	·3897	·3859
0·3*	**·3821**	·3783	·3745	·3707	·3669	**·3632**	·3594	·3557	·3520	·3483
0·4*	**·3446**	·3409	·3372	·3336	·3300	**·3264**	·3228	·3192	·3156	·3121
0·5*	**·3085**	·3050	·3015	·2981	·2946	**·2912**	·2877	·2843	·2810	·2776
0·6*	**·2743**	·2709	·2676	·2643	·2611	**·2578**	·2546	·2514	·2483	·2451
0·7*	**·2420**	·2389	·2358	·2327	·2296	**·2266**	·2236	·2206	·2177	·2148
0·8*	**·2119**	·2090	·2061	·2033	·2005	**·1977**	·1949	·1922	·1894	·1867
0·9*	**·1841**	·1814	·1788	·1762	·1736	**·1711**	·1685	·1660	·1635	·1611
1·0*	**·1587**	·1562	·1539	·1515	·1492	**·1469**	·1446	·1423	·1401	·1379
1·1*	**·1357**	·1335	·1314	·1292	·1271	**·1251**	·1230	·1210	·1190	·1170
1·2*	**·1151**	·1131	·1112	·1093	·1075	**·1056**	·1038	·1020	·1003	·0985
1·3*	**·0968**	·0951	·0934	·0918	·0901	**·0885**	·0869	·0853	·0838	·0823
1·4*	**·0808**	·0793	·0778	·0764	·0749	**·0735**	·0721	·0708	·0694	·0681
1·5*	**·0668**	·0655	·0643	·0630	·0618	**·0606**	·0594	·0582	·0571	·0559
1·6*	**·0548**	·0537	·0526	·0516	·0505	**·0495**	·0485	·0475	·0465	·0455
1·7*	**·0446**	·0436	·0427	·0418	·0409	**·0401**	·0392	·0384	·0375	·0367
1·8*	**·0359**	·0351	·0344	·0336	·0329	**·0322**	·0314	·0307	·0301	·0294
1·9*	**·0287**	·0281	·0274	·0268	·0262	**·0256**	·0250	·0244	·0239	·0233
2·0*	**·0228**	·0222	·0217	·0212	·0207	**·0202**	·0197	·0192	·0188	·0183
2·1*	**·0179**	·0174	·0170	·0166	·0162	**·0158**	·0154	·0150	·0146	·0143
2·2*	**·0139**	·0136	·0132	·0129	·0125	**·0122**	·0119	·0116	·0113	·0110
2·3*	**·0107**	·0104	·0102	·0099	·0096	**·0094**	·0091	·0089	·0087	·0084
2·4*	**·0082**	·0080	·0078	·0075	·0073	**·0071**	·0069	·0068	·0066	·0064
2·5*	**·0062**	·0060	·0059	·0057	·0055	**·0054**	·0052	·0051	·0049	·0048
2·6*	**·0047**	·0045	·0044	·0043	·0041	**·0040**	·0039	·0038	·0037	·0036
2·7*	**·0035**	·0034	·0033	·0032	·0031	**·0030**	·0029	·0028	·0027	·0026
2·8*	**·0026**	·0025	·0024	·0023	·0023	**·0022**	·0021	·0021	·0020	·0019
2·9*	**·0019**	·0018	·0018	·0017	·0016	**·0016**	·0015	·0015	·0014	·0014
3·0*	**·0013**	·0013	·0013	·0012	·0012	**·0011**	·0011	·0011	·0010	·0010
3·5	**·2326E -3**									
4·0	**·3167E -4**									
4·5	**·3398E -5**									
5·0	**·2867E -6**									
5·5	**·1899E -7**									
6·0	**·9866E -9**									

注　正規分布 N(0,1) の累積分布関数 $\Phi(u)=\int_{-\infty}^{u}\frac{1}{\sqrt{2\pi}}e^{-x^2/2}dx$ の求めかた：

$u<0$ ならば，$|u|=K_P$ としてPを読み，$\Phi(u)=P$とする．

例：$\Phi(-1\cdot96)=\cdot0250$

$u>0$ ならば，$u=K_P$としてPを読み，　$\Phi(u)=1-P$とする．

例：$\Phi(1\cdot96)=\cdot9750$

付表 1　正規分布表(Ⅱ)

$P \longrightarrow K_P$　　$\frac{1}{\sqrt{2\pi}}\int_{K_P}^{\infty} e^{-\frac{x^2}{2}} dx = P$

(*P* から K_P を求める表)

P	*=0	1	2	3	4	5	6	7	8	9
0·00*	∞	3·090	2·878	2·748	2·652	**2·576**	2·512	2·457	2·409	2·366
0·0*	∞	2·326	2·054	1·881	1·751	**1·645**	1·555	1·476	1·405	1·341
0·1*	**1·282**	1·227	1·175	1·126	1·080	**1·036**	·994	·954	·915	·878
0·2*	**·842**	·806	·772	·739	·706	**·674**	·643	·613	·583	·553
0·3*	**·524**	·496	·468	·440	·412	**·385**	·358	·332	·305	·279
0·4*	**·253**	·228	·202	·176	·151	**·126**	·100	·075	·050	·025

注　この表は片側確率を指定するとき使う．両側確率 α を指定するときは $P=\alpha/2$ としてこの表を使うか，または t 表（p. 6）の $\phi=\infty$ の行による．

付表2　*t*　表

$t(\phi,\ P)$

(自由度 ϕ と両側確率 P とから t を求める表)

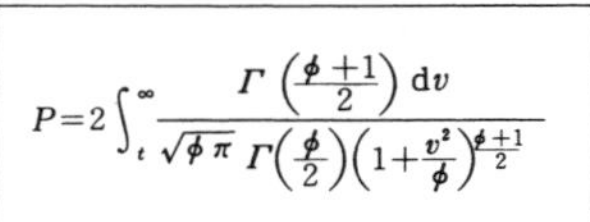

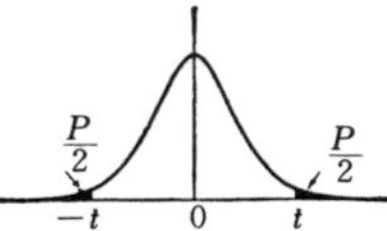

ϕ \ P	0·50	0·40	0·30	0·20	0·10	**0·05**	0·02	**0·01**	0·001	P / ϕ
1	1·000	1·376	1·963	3·078	6·314	**12·706**	31·821	**63·657**	636·619	1
2	0·816	1·061	1·386	1·886	2·920	**4·303**	6·965	**9·925**	31·599	2
3	0·765	0·978	1·250	1·638	2·353	**3·182**	4·541	**5·841**	12·924	3
4	0·741	0·941	1·190	1·533	2·132	**2·776**	3·747	**4·604**	8·610	4
5	0·727	0·920	1·156	1·476	2·015	**2·571**	3·365	**4·032**	6·869	5
6	0·718	0·906	1·134	1·440	1·943	**2·447**	3·143	**3·707**	5·959	6
7	0·711	0·896	1·119	1·415	1·895	**2·365**	2·998	**3·499**	5·408	7
8	0·706	0·889	1·108	1·397	1·860	**2·306**	2·896	**3·355**	5·041	8
9	0·703	0·883	1·100	1·383	1·833	**2·262**	2·821	**3·250**	4·781	9
10	0·700	0·879	1·093	1·372	1·812	**2·228**	2·764	**3·169**	4·587	10
11	0·697	0·876	1·088	1·363	1·796	**2·201**	2·718	**3·106**	4·437	11
12	0·695	0·873	1·083	1·356	1·782	**2·179**	2·681	**3·055**	4·318	12
13	0·694	0·870	1·079	1·350	1·771	**2·160**	2·650	**3·012**	4·221	13
14	0·692	0·868	1·076	1·345	1·761	**2·145**	2·624	**2·977**	4·140	14
15	0·691	0·866	1·074	1·341	1·753	**2·131**	2·602	**2·947**	4·073	15
16	0·690	0·865	1·071	1·337	1·746	**2·120**	2·583	**2·921**	4·015	16
17	0·689	0·863	1·069	1·333	1·740	**2·110**	2·567	**2·898**	3·965	17
18	0·688	0·862	1·067	1·330	1·734	**2·101**	2·552	**2·878**	3·922	18
19	0·688	0·861	1·066	1·328	1·729	**2·093**	2·539	**2·861**	3·883	19
20	0·687	0·860	1·064	1·325	1·725	**2·086**	2·528	**2·845**	3·850	20
21	0·686	0·859	1·063	1·323	1·721	**2·080**	2·518	**2·831**	3·819	21
22	0·686	0·858	1·061	1·321	1·717	**2·074**	2·508	**2·819**	3·792	22
23	0·685	0·858	1·060	1·319	1·714	**2·069**	2·500	**2·807**	3·768	23
24	0·685	0·857	1·059	1·318	1·711	**2·064**	2·492	**2·797**	3·745	24
25	0·684	0·856	1·058	1·316	1·708	**2·060**	2·485	**2·787**	3·725	25
26	0·684	0·856	1·058	1·315	1·706	**2·056**	2·479	**2·779**	3·707	26
27	0·684	0·855	1·057	1·314	1·703	**2·052**	2·473	**2·771**	3·690	27
28	0·683	0·855	1·056	1·313	1·701	**2·048**	2·467	**2·763**	3·674	28
29	0·683	0·854	1·055	1·311	1·699	**2·045**	2·462	**2·756**	3·659	29
30	0·683	0·854	1·055	1·310	1·697	**2·042**	2·457	**2·750**	3·646	30
40	0·681	0·851	1·050	1·303	1·684	**2·021**	2·423	**2·704**	3·551	40
60	0·679	0·848	1·046	1·296	1·671	**2·000**	2·390	**2·660**	3·460	60
120	0·677	0·845	1·041	1·289	1·658	**1·980**	2·358	**2·617**	3·373	120
∞	0·674	0·842	1·036	1·282	1·645	**1·960**	2·326	**2·576**	3·291	∞

注1．表から読んだ値を，$t(\phi,\ P)$，$t_P(\phi)$，$t_\phi(P)$ などと記すことがある．

注2．出版物によっては，$t(\phi,\ P)$の値を上側確率$P/2$ や，その下側確率$1-P/2$で表現しているものもある

付表 3　χ^2　表

$\chi^2(\phi,\ P)$

（自由度 ϕ と上側確率 P とから χ^2 を求める表）

$$P=\int_{\chi^2}^{\infty}\frac{1}{\Gamma\left(\frac{\phi}{2}\right)}e^{-\frac{X}{2}}\left(\frac{X}{2}\right)^{\frac{\phi}{2}-1}\frac{dX}{2}$$

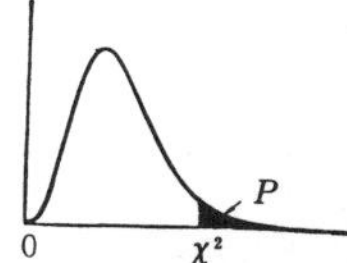

ϕ \ P	·995	·99	·975	·95	·90	·75	·50	·25	·10	**·05**	·025	**·01**	·005	P / ϕ
1	0·0^{4}393	0·0^{3}157	0·0^{3}982	0·0^{2}393	0·0158	0·102	0·455	1·323	2·71	**3·84**	5·02	**6·63**	7·88	1
2	0·0100	0·0201	0·0506	0·103	0·211	0·575	1·386	2·77	4·61	**5·99**	7·38	**9·21**	10·60	2
3	0·0717	0·115	0·216	0·352	0·584	1·213	2·37	4·11	6·25	**7·81**	9·35	**11·34**	12·84	3
4	0·207	0·297	0·484	0·711	1·064	1·923	3·36	5·39	7·78	**9·49**	11·14	**13·28**	14·86	4
5	0·412	0·554	0·831	1·145	1·610	2·67	4·35	6·63	9·24	**11·07**	12·83	**15·09**	16·75	5
6	0·676	0·872	1·237	1·635	2·20	3·45	5·35	7·84	10·64	**12·59**	14·45	**16·81**	18·55	6
7	0·989	1·239	1·690	2·17	2·83	4·25	6·35	9·04	12·02	**14·07**	16·01	**18·48**	20·3	7
8	1·344	1·646	2·18	2·73	3·49	5·07	7·34	10·22	13·36	**15·51**	17·53	**20·1**	22·0	8
9	1·735	2·09	2·70	3·33	4·17	5·90	8·34	11·39	14·68	**16·92**	19·02	**21·7**	23·6	9
10	2·16	2·56	3·25	3·94	4·87	6·74	9·34	12·55	15·99	**18·31**	20·5	**23·2**	25·2	10
11	2·60	3·05	3·82	4·57	5·58	7·58	10·34	13·70	17·28	**19·68**	21·9	**24·7**	26·8	11
12	3·07	3·57	4·40	5·23	6·30	8·44	11·34	14·85	18·55	**21·0**	23·3	**26·2**	28·3	12
13	3·57	4·11	5·01	5·89	7·04	9·30	12·34	15·98	19·81	**22·4**	24·7	**27·7**	29·8	13
14	4·07	4·66	5·63	6·57	7·79	10·17	13·34	17·12	21·1	**23·7**	26·1	**29·1**	31·3	14
15	4·60	5·23	6·26	7·26	8·55	11·04	14·34	18·25	22·3	**25·0**	27·5	**30·6**	32·8	15
16	5·14	5·81	6·91	7·96	9·31	11·91	15·34	19·37	23·5	**26·3**	28·8	**32·0**	34·3	16
17	5·70	6·41	7·56	8·67	10·09	12·79	16·34	20·5	24·8	**27·6**	30·2	**33·4**	35·7	17
18	6·26	7·01	8·23	9·39	10·86	13·68	17·34	21·6	26·0	**28·9**	31·5	**34·8**	37·2	18
19	6·84	7·63	8·91	10·12	11·65	14·56	18·34	22·7	27·2	**30·1**	32·9	**36·2**	38·6	19
20	7·43	8·26	9·59	10·85	12·44	15·45	19·34	23·8	28·4	**31·4**	34·2	**37·6**	40·0	20
21	8·03	8·90	10·28	11·59	13·24	16·34	20·3	24·9	29·6	**32·7**	35·5	**38·9**	41·4	21
22	8·64	9·54	10·98	12·34	14·04	17·24	21·3	26·0	30·8	**33·9**	36·8	**40·3**	42·8	22
23	9·26	10·20	11·69	13·09	14·85	18·14	22·3	27·1	32·0	**35·2**	38·1	**41·6**	44·2	23
24	9·89	10·86	12·40	13·85	15·66	19·04	23·3	28·2	33·2	**36·4**	39·4	**43·0**	45·6	24
25	10·52	11·52	13·12	14·61	16·47	19·94	24·3	29·3	34·4	**37·7**	40·6	**44·3**	46·9	25
26	11·16	12·20	13·84	15·38	17·29	20·8	25·3	30·4	35·6	**38·9**	41·9	**45·6**	48·3	26
27	11·81	12·88	14·57	16·15	18·11	21·7	26·3	31·5	36·7	**40·1**	43·2	**47·0**	49·6	27
28	12·46	13·56	15·31	16·93	18·94	22·7	27·3	32·6	37·9	**41·3**	44·5	**48·3**	51·0	28
29	13·12	14·26	16·05	17·71	19·77	23·6	28·3	33·7	39·1	**42·6**	45·7	**49·6**	52·3	29
30	13·79	14·95	16·79	18·49	20·6	24·5	29·3	34·8	40·3	**43·8**	47·0	**50·9**	53·7	30
40	20·7	22·2	24·4	26·5	29·1	33·7	39·3	45·6	51·8	**55·8**	59·3	**63·7**	66·8	40
50	28·0	29·7	32·4	34·8	37·7	42·9	49·3	56·3	63·2	**67·5**	71·4	**76·2**	79·5	50
60	35·5	37·5	40·5	43·2	46·5	52·3	59·3	67·0	74·4	**79·1**	83·3	**88·4**	92·0	60
70	43·3	45·4	48·8	51·7	55·3	61·7	69·3	77·6	85·5	**90·5**	95·0	**100·4**	104·2	70
80	51·2	53·5	57·2	60·4	64·3	71·1	79·3	88·1	96·6	**101·9**	106·6	**112·3**	116·3	80
90	59·2	61·8	65·6	69·1	73·3	80·6	89·3	98·6	107·6	**113·1**	118·1	**124·1**	128·3	90
100	67·3	70·1	74·2	77·9	82·4	90·1	99·3	109·1	118·5	**124·3**	129·6	**135·8**	140·2	100
y_P	−2·58	−2·33	−1·96	−1·64	−1·28	−0·674	0·000	0·674	1·282	**1·645**	1·960	**2·33**	2·58	y_P

注　表から読んだ値を $\chi^2(\phi, P)$，$\chi^2_P(\phi)$，$\chi^2_\phi(P)$ などと記すことがある．

引用・参考文献

1）　竹士伊知郎：『学びたい 知っておきたい 統計的方法』，日科技連出版社，2018 年
2）　竹士伊知郎：『ことばの式でわかる統計的方法の極意』，日科技連出版社，2022 年
3）　吉澤正編：『クォリティマネジメント用語辞典』，日本規格協会，2004 年
4）　小山正孝他著：『新編数学Ⅰ』，第一学習社，2023 年
5）　小山正孝他著：『新編数学 B』，第一学習社，2023 年
6）　山本慎他著：『最新 数学Ⅰ』，数研出版，2023 年
7）　山本慎他著：『最新 数学 B』，数研出版，2023 年

索　引

【た　行】

【な　行】

【は　行】

【ま　行】

【や　行】

【ら　行】

●著者紹介

竹士　伊知郎(ちくし　いちろう)
1979年　京都大学工学部卒業，㈱中山製鋼所入社．
金沢大学大学院自然科学研究科博士後期課程修了，博士(工学)．
現　在　QMビューローちくし代表，関西大学化学生命工学部非常勤講師，
(一財)日本科学技術連盟嘱託．

日本科学技術連盟などの団体，大学，企業において，品質管理・統計分野の講義，指導，コンサルティングを行っている．

主な品質管理・統計分野の著書に，『学びたい 知っておきたい 統計的方法』，『ことばの式でわかる統計的方法の極意』(単著，日科技連出版社)，『QC検定受検テキストシリーズ』，『QC検定対応問題・解説集シリーズ』，『QC検定模擬問題集シリーズ』，『速効！ QC検定シリーズ』，『TQMの基本と進め方』(いずれも共著，日科技連出版社)がある．

高校数学からはじめる統計学

2023年6月30日　第1刷発行

著　者　竹士　伊知郎
発行人　戸　羽　節　文

発行所　株式会社　日科技連出版社
〒151-0051　東京都渋谷区千駄ヶ谷5-15-5
DSビル
電話　出版　03-5379-1244
営業　03-5379-1238

検印
省略

Printed in Japan

印刷・製本　港北メディアサービス㈱

ISBN 978-4-8171-9775-7
URL https://www.juse-p.co.jp/